Interaction
Design

交互设计
从入门到精通

用简单的原理，不断逼近设计的本质

杨楚琳◎著

北京大学出版社

PEKING UNIVERSITY PRESS

内 容 提 要

交互设计是一门积累的学问，而积累的重要一环就是总结与提炼。本书以交互设计的技能与知识点为主要线索，结合设计方法论，将交互设计的相关知识点整理成图形化的知识块，将复杂的问题简单化，为读者提供更为简单易懂的交互设计知识。

本书共分为6章，主要介绍交互设计的基本知识、动效设计、交互设计的呈现、交互设计相关库的积累、交互设计的细节整理，以及交互设计的综合演练等。

本书适合初入门的交互设计师、用户体验设计师、产品经理，以及希望跨领域从零开始了解交互设计这个行业的读者。

图书在版编目(CIP)数据

交互设计从入门到精通 / 杨楚琳著. — 北京：北京大学出版社，2019.3
ISBN 978-7-301-30112-8

Ⅰ.①交… Ⅱ.①杨… Ⅲ.①人机界面—程序设计Ⅳ.①TP311.1

中国版本图书馆CIP数据核字(2018)第272915号

书　　　　名	交互设计从入门到精通
	JIAOHU SHEJI CONG RUMEN DAO JINGTONG
著作责任者	杨楚琳　著
责任编辑	吴晓月
标准书号	ISBN 978-7-301-30112-8
出版发行	北京大学出版社
地　　　　址	北京市海淀区成府路205号　100871
网　　　　址	http://www.pup.cn　　新浪微博：@北京大学出版社
电子信箱	pup7@pup.cn
电　　　　话	邮购部 010-62752015　发行部 010-62750672　编辑部 010-62570390
印 刷 者	三河市北燕印装有限公司
经 销 者	新华书店
	787毫米×1092毫米　16开本　14.75印张　319千字
	2019年3月第1版　2019年3月第1次印刷
印　　　　数	1-4000册
定　　　　价	69.00元

这是一本交互设计的入门书籍。

设计的道理说难也难，说简单也简单，将复杂的道理传达清楚，是交互设计师经常需要做的事情。本书通过图示来阐释交互设计的细节与原理，希望以有规律的方式组织与交互设计相关的复杂知识。

本书共分为 6 章。第 1 章为交互设计的入门基本知识，主要介绍交互设计的基本知识点。通过本章的学习，让读者了解交互设计的基本软件及设计思路。第 2 章为基本动效设计，主要介绍使用软件快速制作交互动效的技巧。在本章中读者可以了解到将交互原型动态化的一些小技能。第 3 章讲述设计的呈现，主要介绍完成设计后，应该怎样将设计完整而专业地呈现。在本章中读者学习用最简单的 PPT、Excel 等工具对设计进行组织与展示。第 4 章为交互设计相关库的积累，主要介绍可以提升工作效率的相关库，包括设备库、人物库等。读者可以在本章学习到积累设计库的基本方法，从而创建属于自己的资料库。第 5 章为交互设计的细节整理，介绍与交互设计相关的不同组件与设计细节。读者可以在本章以研究的视角深入探讨与交互设计相关的细节。第 6 章是交互设计的综合演练，主要介绍线框图、流程图等的设计。读者可以在本章中活用一些技能，从而进一步建立交互设计的全局观。

本书的架构如下图所示，每个章节都有特定的主题，希望能循序渐进地引导读者了解交互设计的相关知识。

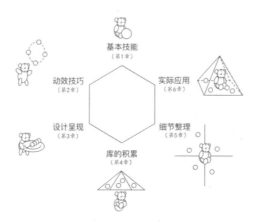

　　读者在本书中可以从交互设计的基本原理学起，包括交互原型软件、基本办公软件、动效软件等，这些都是交互设计师在工作中经常会接触到的软件。当然，掌握基本的技能只是简单的一小步，要想成为设计师而不只是画图师，就要在思想理念上进行提升，不仅要关注技巧的使用，还要时刻积累，丰富自己的技能。因此，本书的后半段会着重探讨交互设计的细节，以及设计师需要进行的一些积累。本书所讲述的方法与技能是可以持续使用的，并且能够影响设计师的思维。

　　在本书中会出现一只熊的形象，这个形象贯穿全书，在很多案例中都会出现，它代表了复杂道理的简单化。学习的过程本身是枯燥的，希望在熊形象的引导下，读者可以愉悦地学习本书中的知识。

　　另外，本书附赠了 60 分钟的高清教学视频，并提供了视频中用到的所有素材，读者可扫描下方二维码或在浏览器中输入地址 https://pan.baidu.com/s/1iuUVomCHXI_1KDzEsYWz_Q，然后输入提取密码 rb5g 进行下载。若下载链接失效，可搜索 QQ 群号 218192911 加入"办公之家"群与我们联系。

目录 >>>
CONTENTS

新开始——交互入门之基本知识与技能 // 1

1.1 从零开始认识交互设计 // 2

1.2 掌握设计的基本技能 // 4

    1.2.1 自适应原则 —— 制作一张熊回家的地图 // 5

    1.2.2 抽象与总结 —— 回家的路不止一条 // 7

    1.2.3 样式的使用 —— 风格化的路线 // 9

1.3 如何高效化作图 // 10

    1.3.1 组件的复用 —— 多样化的地图设计 // 10

    1.3.2 复合逻辑组件 —— 回家的指路牌 // 13

1.4 如何有变化地作图 // 17

    1.4.1 变化式设计 —— 熊家人的合影 // 17

    1.4.2 组件库设计 —— 快速制作一个与熊相关的库 // 21

    1.4.3 实际运用的例子 // 23

1.5 小结 // 26

小步前行——交互进阶之动画设计 // 27

2.1 浅谈动画之历史 // 28

2.2 元素之间的动效串联 —— 把熊变成兔子 // 30

2.3 微动效设计 —— 滑动的熊 // 35

2.4 材质化动效 —— 一只肚子有弹性的熊 // 41

2.5 自触发动效 —— 眨眼睛的熊 // 45

循序渐进——交互进阶之设计呈现 // 48

3.1 基本元素的制作 // 49

　　3.1.1 制作基本组件 // 49

　　3.1.2 手势的制作 // 51

　　3.1.3 秩序 // 55

3.2 快速生成图形 // 57

3.3 整合与图表制作 // 61

　　3.3.1 分析图表 // 61

　　3.3.2 图表集合 // 68

　　3.3.3 封面与完善 // 70

3.4 数据表格的制作 // 72

学习沉淀——库的积累 // 79

4.1 制作一个小人库 // 80

4.2 制作一个设备库 // 86

4.3 制作一个组件库 // 95

4.4 库的积累 // 98

4.5 制作轻量组件库 // 99

体系融合——设计细节整理 // 102

5.1 开关按钮 // 103

5.2 日期选择器 // 111

5.3 滑动条 // 119

5.4 页签 // 126

5.5 折叠控件 // 139

5.6 过滤 // 148

5.7 重做 // 154

5.8 为空状态 // 157

5.9 搜索 // 161

5.10 进度条 // 169

5.11 通知 // 176

5.12 手势 // 182

5.13 评分 // 190

5.14 面包屑 // 193

5.15 键盘 // 197

综合提升——交互设计综合练习 // 204

6.1 线框图 // 205

　　6.1.1 布局——希望门后的风景至少是美的 // 206

　　6.1.2 跳转——怎么找到出口与入口的那扇门 // 208

　　6.1.3 细节——门后的风景是否耐看 // 209

　　6.1.4 整理——怎么去找想要的那扇门 // 210

6.2 用户体验地图 // 213

　　6.2.1 用户体验地图的设计过程 // 214

　　6.2.2 如何绘制用户流程地图 // 216

　　6.2.3 用 PPT 制作一张用户体验地图 // 220

1
CHAPTER

新开始——
交互入门之基本知识与技能

本章开始于一张"熊回家"地图的制作。通过制作这张地图，读者开始逐步了解怎样使用软件制作一些交互设计中可能会用到的元素。本章以 Sketch 软件为主，逐步介绍一些使用技巧，包括自适应设计、复用与模板、自动化设计等。

1.1 从零开始认识交互设计

软件学习虽然看上去是一个机械的过程，但是软件的产生其实代表着人与产品的交流互动。因此，软件本身的设计就已经包含了丰富的交互原理。比如，读者用 word 写文章，首先新建一个文档，其次选择字体、字号，用键盘输入文字，最后保存文章。这短短一个流程中就包含了很多需要考虑的交互问题。例如，新建的按钮放在哪里才能让用户快速找到？选择字体的时候，用户怎样才能快速找到自己想要的字体，需不需要加一个字体搜索的机制？如果加搜索机制，怎样设计才不会显得过于烦琐？而在保存文章之后，系统需要怎样向用户传达已经保存好的信息？是简单使用文字，还是弹出提醒，抑或是其他的方式？

本节虽然介绍的是软件原理，但更希望传达一个理念，即"贯通"。这个概念怎么理解呢？首先看经常使用的 office 工具的抽象图，它们的基本骨架如图 1-1~ 图 1-3 所示。其中，图 1-1 为 Excel 基本骨架，图 1-2 为 Word 基本骨架，图 1-3 为 PPT 基本骨架。

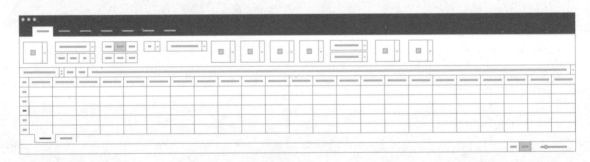

图1-1

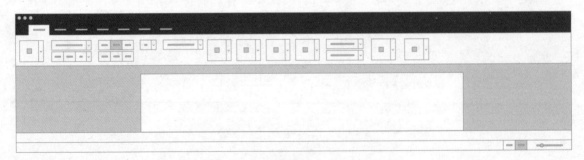

图1-2

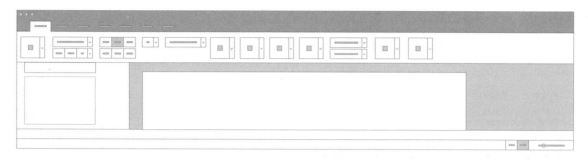

图1-3

从图 1-4 所示的内容结构图中可以看到，虽然它们是不同的软件，但却有着相似的骨架。上部是选择的区域，中部是信息的展示区域，下部则是针对整个视窗的一些操作。

头部	
选择输入区	
导航区	信息输出区
底部控制区	

图1-4

而固定的内容结构又会组成固定的使用模式，让用户在使用各软件的同时可以感受到一致的体验。如图 1-5 所示，从新建到信息输入、输出，再到反馈，最后到关闭整个软件，整个使用的流程对于 Office 系的软件是固定的。如果用户下次遇到同样结构的新软件，就可以快速地按照同样的模式进行学习与使用。

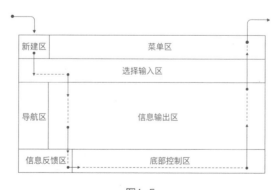

图1-5

那么，这对于学习者的启发是什么呢？答案是总结与抽象软件架构的能力，虽然用户常用的软件有很多种，但可以尝试去总结其中的模式。这不仅是学习软件的能力，也是作为交互设计师应该具备的能力，不仅要抽象软件，也要抽象手机 APP、网站及各种业务的产品，从而提升经验和能力。

图 1-6 所示为各设计软件的界面抽象图，从图中可以看到，不论是 Adobe 系还是 Office 系，不同的软件之间都会有一些共通的使用模式。在平时的学习中尝试总结这些模式，可以更好地掌握一款软件，同时也能提高掌握抽象事物的能力。本节主要使用 Sketch 软件，由于详细的操作步骤可以看随书附赠的视频资源，这里不再详述，而是着重于对方法的阐述。

图1-6

本节的讲述主要是希望读者在学习软件时，除了学习软件本身的技能之外，还能思考一下软件的内在逻辑与交互原理，仔细观察所使用的软件中有哪些值得考究的交互细节，从而更加深入地去探索与思考。

1.2 掌握设计的基本技能

自适应的道理很简单，就是使一个元素可以快速适应不同的空间，就像水一样。图 1-7 所示的是抽象出的 9 种元素，虽然它们看上去都是简单的正方形，但可以通过拉伸变换，变成设计中经常使用到的元素，如图 1-8 和图 1-9 所示。图 1-10 是一个适应不同屏幕尺寸的弹出框示例，整体也是由基本元素组合而成的。

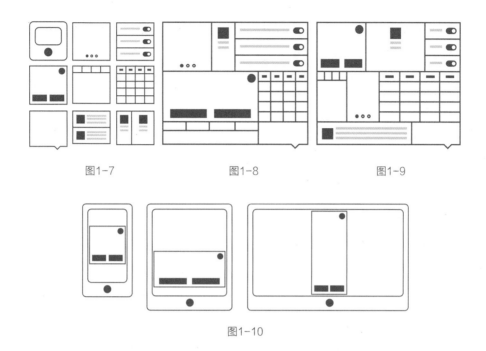

图1-7　　　　　　　　图1-8　　　　　　　　图1-9

图1-10

1.2.1　自适应原则 —— 制作一张熊回家的地图

如图 1-11 所示，图中有一只熊和一个家，要怎样画出这只熊回家的路线呢？

很简单，两条线再加一个圆圈、一个三角形，这条路线就画好了，如图 1-12 所示。

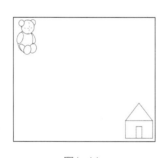

图1-11

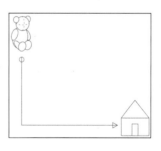

图1-12

但是，设计是很多变、很灵活的，小熊回家可以有很多条路线，而且也会有不同的变化情况。因此需要针对不同的情况对这条路线进行设计。

试想这个时候，如果这只熊搬家了，那么它的家就不在原来的地方了，就需要重新描绘这张图。在描绘的过程中，刚刚所进行的画三角形、圆圈，再画直线的步骤，是否要重新进行一次呢？如果这只熊要搬家很多次，是否每一次都要重新规划这张图呢？

所以，画这张图的难点并不是怎样把一条路线画出来，而是怎样把这条路线画得灵活多变，以应对不同的情况。这只熊可以搬家，它的家可以在不同的地方，也可以有不同的方向，但是无论路线怎样变化，这个家的距离怎样改变，我们始终可以快速地用不同的线帮这只熊规划出回家的路线图。

因此，这里引出一个概念——自适应。

自适应是交互设计中一种很重要的技法，可以帮助我们节省很多的时间。联想一下刚刚提到的熊搬家的场景，如果加入了自适应的理念，就相当于熊到家的路线可以不断地自由调整，而在整个调整过程中，不需要重新画不同的路线。

那么具体应该怎样做呢？

首先要保证在拉伸的过程中这条线不会变形，而且图中的一些标志的位置也不会改变。总的来说就是两个关键的元素：位置、尺寸，而自适应从根本上也是通过控制这两个元素进行的。

来看一些例子。如图 1-13 所示，将图中的箭头选中，然后在右边的面板上进行一些自适应的选择和调节。如果希望这个箭头固定展示在右下方，而且它的尺寸不变，就需要选择右下方的位置，并且将尺寸的信息进行固定，如图 1-14 所示。

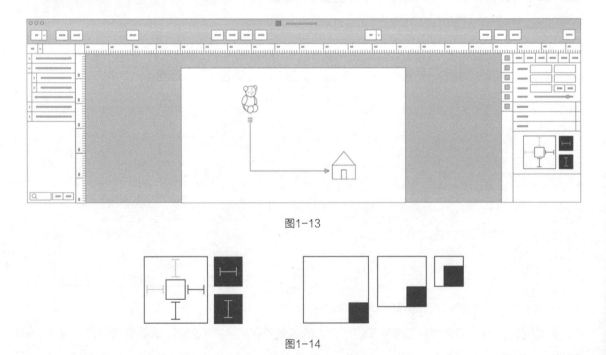

图1-13

图1-14

同时，对这条线的其他元素也要进行相应的调整，如图 1-15 所示。在这样处理之后，这只熊回家的路线就变得更加灵活了。

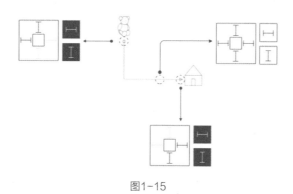

图1-15

　　在进行了这些操作之后，这条直线可以随着距离的变化而变化，而且其中的圆形或箭头不会发生形变，如图 1-16 所示。

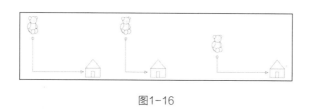

图1-16

1.2.2 抽象与总结 —— 回家的路不止一条

　　图 1-17 中展示了熊回家的不同路线。从图中可以看到，这些路线有不同的形状和方向。如果遇到这种情况就更加复杂了，之前设计的自适应也不能完全满足要求。

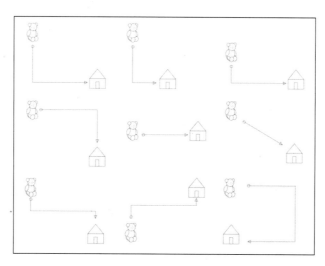

图1-17

此时，就需要帮这只熊总结和抽象所有可能的路线，如直线的路线、弯曲的路线、左转弯或右转弯的路线，这些路线抽象出来一共有 4 种，如图 1-18 所示。通过翻转变化及拉伸，这些线条可以变得多种多样，从而形成不同的回家路线。

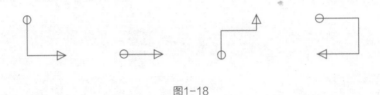

图1-18

总结和抽象是交互设计中比较重要的一种思维，因为有时遇到的情况会比较复杂，其复杂程度比这只熊回家的路线要复杂得多。例如，需要设计一个智能音箱的交互系统，这个系统比起熊回家的路线，还需要考虑很多额外的因素，如用户心理学，以及这个系统与外界怎样交互。因此，正如总结这只熊回家的路线图一样，在不同的工作和项目中，也要不断地总结并抽象出最本质的流程部件，如图 1-19 与图 1-20 所示。

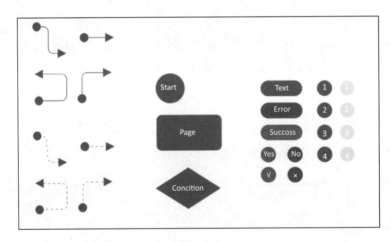

图1-19

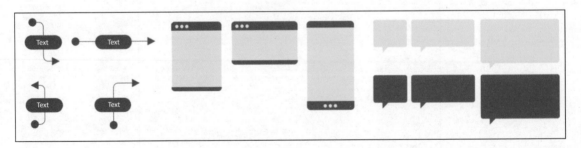

图1-20

1.2.3　样式的使用 —— 风格化的路线

如果每次都只使用一种风格的路线，可能会有些单调，所以在应对不同的项目、不同的产品时，设计的路线应该有一些变化，这样才能使设计变得更加丰富多彩，也能够应对更加复杂的情况。

1. 增加圆角

原有的线条棱角其实是比较硬朗的，可以通过增加一些圆角使整个线条更加平滑。

可以通过调整角度的一些参数来实现圆角的效果，在图 1-21 所示的面板中，可以通过调整圆角的大小来调整出不同圆角的线条，效果如图 1-22 所示。

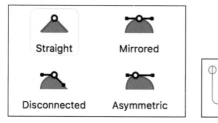 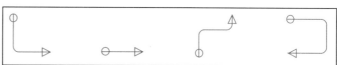

图1-21　　　　　　　　　　　　　　　　　　图1-22

2. 颜色的变化

也可以通过颜色的变化，使整个线条变得更加多样。但是因为目前有多种不同的线条，如果一个个来调整，可能会比较烦琐，所以有一个简便的方法——通过样式面板来调整，如图 1-23 所示。可以将样式面板中的样式应用到组件中，然后一键调整所有线条的样式，如图 1-24 所示。

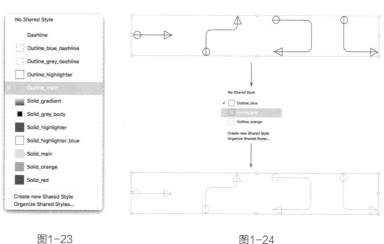

图1-23　　　　　　　　　　　　　　图1-24

在图 1-24 中，每一根线条的部件都对应一个统一的样式，即一个外框是灰色线条的样式，可以随时调整这个样式的颜色，这样就可以统一调整为不同颜色的线条，如图 1-25 所示。

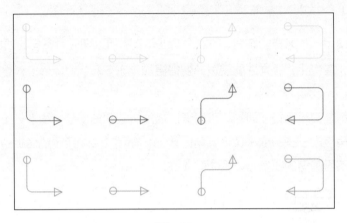

图1-25

1.3 如何高效化作图

1.3.1 组件的复用 —— 多样化的地图设计

这一节会做一张地图，这张图里不仅包含最基本的流程线，还有最主要的部件，包括熊的外观和一些房子等。本节主要学习组件化及整体化的思考方式。

如图 1-26 所示，其上半部分是之前所画的流程线，下半部分是一些比较基本的部件，包括熊、房子和地理位置的图标，可以通过这些部件来快速构建一张地图。

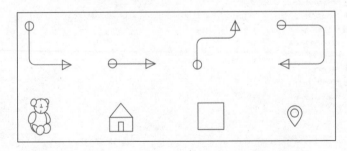

图1-26

通过组件拼装的方法，可以快速构建出一张地图，并且如果有不同的变化，如有一些距离或长度的变化，也可以快速调整。因为上一节提到了自适应的原则，所以通过对这些组件进行组装，可以快速构建出不同形式的地图，如图 1-27 所示。

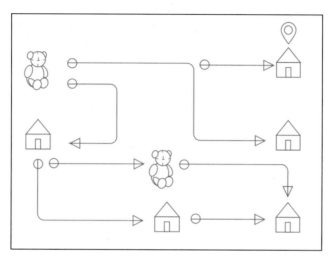

图1-27

但这里存在一个问题：如果这时要将图中的一些部件进行变化，比如现在不是在做一张给熊用的地图，而是要做给其他动物或其他街区使用的地图，这时应该怎么办呢？那就需要更换样式，而且需要更换其中的不同部件，如果这张图特别大，手动地一个个去替换，工作量就太大了。所以在制作这张图时，可以事先把地图未来的变化也考虑到设计之中。比如，要考虑不同的部件应该怎样更换，以及以后遇到更加复杂的情况时应该怎样应对，这样才可以做出一张更加变化多端的地图。

这时就可以引入 Symbol 的概念，中文翻译为"符号"。

Symbol 类似于公用模板，我们可以用这个公用的模板创造很多子模板，这样可以很方便地修改由这个模板创造出来的其他子集。因为设计时会有很多的页面和组件，如果使用一个公用的模板，要修改一个小的细节时，只需要修改这个模板就可以了，这样可以提高工作效率。另外，项目上有时会需要很多的重复性组件，如果没有将这些重复性组件考虑到，在修改时就会比较麻烦。所以一般在设计时，如果遇到重复使用公共的设计部分，就要考虑是不是可以将这些部分进行共用。

下面就尝试重新使用符号来进行设计。

符号的创建十分简单，只需要在画板上右击，在打开的快捷菜单中选择所需的选项，就可以创建一个符号，如图 1-28 所示。这个符号相当于公共的使用模板，可以复用这个符号，将其用到其他的页面和设计之中。

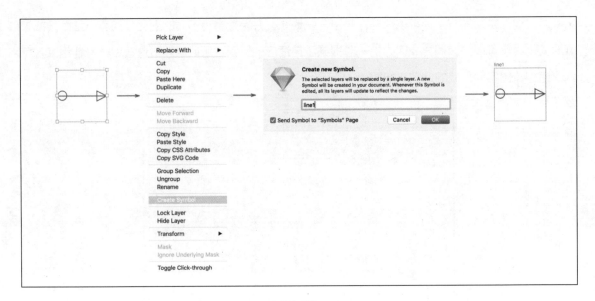

图1-28

还有一点需要注意，就是符号的命名。虽然看起来比较简单，但是如果有很多不同的符号，这个命名就会造成混淆，所以要将符号进行有序的命名。一般来说，可以使用下画线或右画线进行区分。

这里有一个小技巧，就是如果用右画线进行区分，在符号的目录里面会自动生成一个二级菜单，这样就更加便于管理，而且在批量导出时也会自动生成不同的文件夹。

不同的命名方式会形成不同层级的目录，只需要在命名时通过符号"/"来分隔，这样就可以形成多层的目录。如图1-29所示，当控件的命名形式为"Bear/ BearHead""Bear/ BearMouth"及"Bear/ BearHand"时，它们都被包含在"Bear"文件夹中。

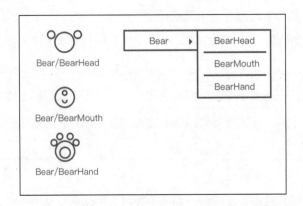

图1-29

在进行了图1-29所示的操作之后，可以看到之前作为画板存在的一些组件已经变成了作为公共模板存在的符号，如图1-30所示。接下来就可以利用这些符号重新进行一次拼装，这样又可以拼装成一张同样的地图，如图 1-31 所示。

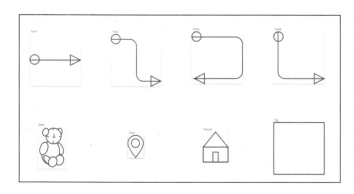

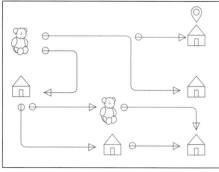

图1-30　　　　　　　　　　　　　　　　　　图1-31

那么这样的地图和之前的地图有什么区别呢？其中很大的一个区别就是它的可变化性比较大。比如，现在不想做一张熊回家的地图了，而想要进行一次变化，做一张给兔子使用的地图，并且希望变换其中的一些元素和整体的风格，那么这个时候应该怎么做呢？

在使用了符号的拼接方法之后会发现，其实只需要直接修改符号（见图 1-32），就可以将地图上的颜色和形状进行变化，而且不需要移动图中任何元素的位置，也不需要重新排列不同元素的位置或调整其尺寸大小，如图 1-33 所示。

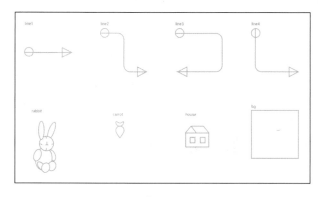

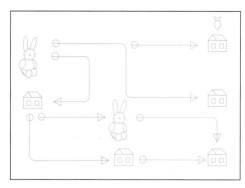

图1-32　　　　　　　　　　　　　　　　　　图1-33

在此之后也可以对符号的使用进行一些练习，如尝试进行符号的颜色变化，或者变换其中的动物元素等。

1.3.2　复合逻辑组件 —— 回家的指路牌

我们在前几节学习了符号，也学会了怎样做一张变化多端的地图，除此之外，还应该考虑怎样使这张图更加具有逻辑性。就如同在路上行走时可以看到各种不同的路牌，如向左转的路牌、向前走的路牌和向右转的路牌等，这些路牌的作用就是帮助我们分辨不同的道路。

设计地图也是如此，因为一个页面有可能对应不同页面的跳转，所以我们需要分辨这些逻辑并将其在页面上展示，以便阅读这张图的人能够快速理解。尤其是在进行交互设计时，最主要的一部分就是逻辑的设计，需要将设计者的逻辑更加清晰地展现给用户。接下来就为上一节的图增加一些逻辑与跳转关系。

从图 1-34 中可以看到一些基本的逻辑符号，包括正确和错误的符号、英文的判断符号和一些表达数字的符号。图中最右边有一个空白的符号，这个符号的作用后面会讲。

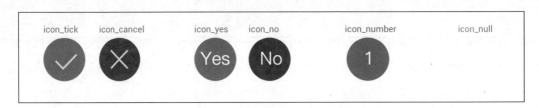

图1-34

在之前的设计中已经做了各种各样的流程线，现在就需要将这些符号放到流程线上面，那么应该怎么放呢？

其中的一种方法就是增加一组带有判断符号的逻辑组件，其组件库的形式如图 1-35 所示。

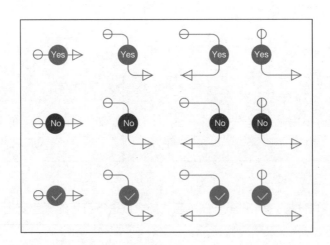

图1-35

是否能从图中察觉到什么规律呢？

因为每个判断符号都对应一组 4 条的流程线，所以如果又增加了 n 个判断符号，那么就会有 $n \times 4$ 条流程线可供选择。在设计中一旦出现重复，就要敏锐觉察并尝试将其简化。

　　符号的存在，就是为了利用最小化原则。所以此时又要引入一个新的概念——符号套符号。顾名思义，就是在一个符号里面套另一个符号。下面就来介绍这种方法的做法和好处。

　　首先需要做的是让所有的流程线共享一个逻辑组件，所以需要先将"Yes"定义为一个符号，然后将这个符号插入流程线中，如图 1-36 所示。这样就快速完成了符号套符号的第一个操作。

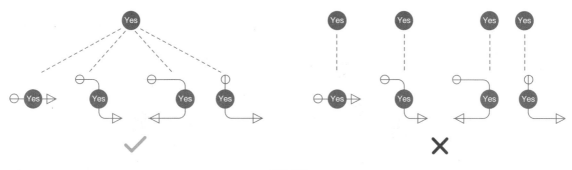

图1-36

　　其次需要做的是一个自适应的步骤。在做流程组件时要注意，如果要经常对这些逻辑组件进行拉伸，在拉伸与变化的过程中，这些逻辑组件可能会变形。因此，需要将这些逻辑组件进行形状固定和对齐，如图 1-37 所示。这样在变化形状时，这些逻辑组件的形状才能够固定且一致。

图1-37

　　此时流程线的属性面板中多了一个下拉框，如图 1-38 所示，这个下拉框对应刚刚创建的一些逻辑组件。这样就可以在下拉框中自由选择不同的逻辑组件，不用再从菜单中重新插入各种不同的符号，只需在下拉框中快速选择就可以了。

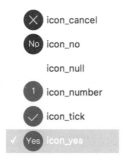

图1-38

虽然只是一个小小的改变，却快速缩小了选择的范围。

图1-39所示的是分散式的组件，它们独立存在，并且组件之间有重复交叉的元素。而在图1-40中，组件的存在更加有序，最内圈是公用的组件，不同的元素可以共用类似的组件，使得整个系统更加轻量化。

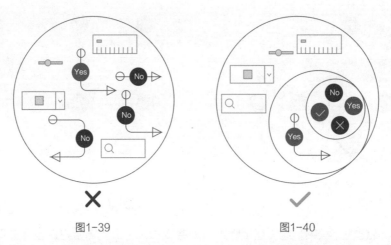

图1-39　　　　　　　　　　图1-40

最后还有一个问题，就是前文中创造的那个空白的组件有什么用处？如图1-41所示，图中空白的组件就相当于一个占位符。因为并不是任何时候都要使用逻辑组件，所以此时只需要在下拉菜单中选择之前所创建的空白组件，刚刚创建的流程线就变成了没有逻辑的纯流程线了，如图1-42所示。

图1-41

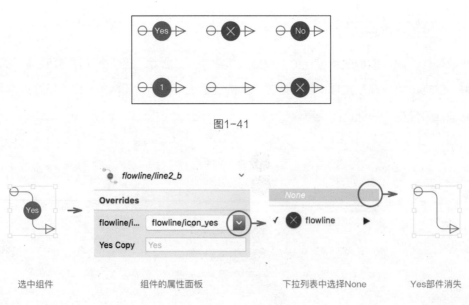

选中组件　　　　　　组件的属性面板　　　　下拉列表中选择None　　　Yes部件消失

图1-42

如图 1-43 所示，这张图便是使用了不同的逻辑关系所创造的地图。用户可以通过这张地图来判断哪些路是可以走的，哪些路是不可以走的，这样便可以快速到达目的地。

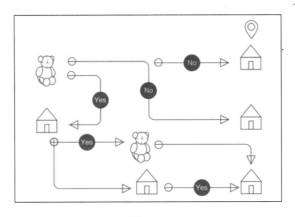

图1-43

1.4　如何有变化地作图

1.4.1　变化式设计 —— 熊家人的合影

　　熊的家人很多，每次家人来时，它们都会进行一次合影。由于它们长得都比较像，所以这个时候就要穿不同的衣服来进行辨识。每次挑衣服都会花很长时间，因为它们需要一件件地换，还要有不同的搭配。

　　在设计中，这是一种群设计的概念，如默认头像的设计。默认头像就是用户注册或登录一个系统之后所展示的头像。同一款产品的用户有很多，如果他们都共用一个头像，就会显得千篇一律，而且如果他们发表评论或进行聊天，这些相同的头像也很难分辨彼此。这就如同熊家里人的合照一样，如果能对不同的用户进行一个简单的区分就更好了。例如，Slack 就使用了一些算法来进行默认头像的自动生成，如图 1-44 所示。这样可以保证不同的用户有不同的默认头像。又如，程序编码经常会使用到的 Github 平台，其用户头像也是由比较抽象的几何图形自动生成的，如图 1-45 所示。这样可以保证每个用户都有个性化的头像。

图1-44   图1-45

回到熊的家人大合影，有什么样的办法可以将不同的熊进行区分呢？

（1）第一种方法就是前文提到的 Symbol 法。

给熊画出不同的配饰（见图 1-46），然后将这些配饰放到熊的身上（见图 1-47），最后通过下拉框选择就可以快速给熊替换不同的配饰了。

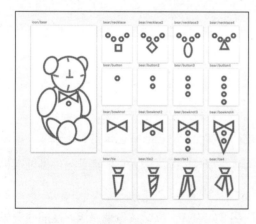

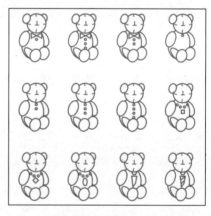

图1-46   图1-47

（2）第二种方法是自动替换法。

有没有一种方法可以一键就把所有熊的衣服都替换掉，而且能自动生成不同颜色和不同形状的衣服呢？这就涉及一种新的插件——Craft，即可以自动生成不同内容的插件（也有其他的功能，因在这个方法中没有涉及，就不详述了）。

安装好这个插件之后，首先要做的就是在网上找各种不同款式、不同材质的衣服图片。只需要选中所有的熊，然后选择衣服材质图片所在的文件夹，再选择填充部分为身体（由于一个熊的形象是由几个不同的形状拼合而成的，因此在填充时需要选择其中一个形状进行填充），即可一键更换所有熊的衣服，如图 1-48 所示。

图1-48

不仅是图片，文字也可以进行填充。例如，不同的家族成员有不同的名字，用相同的方法，只需要一个按钮，就可以为他们填充不同的名字，如图 1-49 所示。

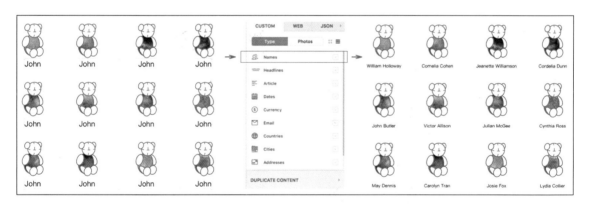

图1-49

与之前有所不同的是，不是去选择某个存有姓名的文件夹，因为这些名字在插件里面都是固定存在的，所以可以直接可以选择男生的名字或女生的名字，或者把两类名字混在一起进行填充。

从图 1-50 中还可以看到，在填充的选项中，还有其他的类型可以选择，包括日期、邮箱信息和地址等。这些填充的信息对设计来说都是比较重要的，因为有时在设计一些界面，尤其在设计列表时，页面上会涉及很多不同的数据，为了使整个设计的展现更加直观、更有意义，需要将数据填充进去。这时如果手动填充就会比较累，如果可以随机产生一些固定的数据，就可以大大提高设计的效率。

图1-50

在填充完之后，熊的家人都有了自己的名字，而且也换上了不同的衣服，如图 1-51 所示。

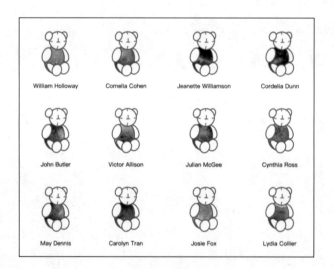

图1-51

本节主要是介绍一种随机变换的可能性，因为我们在以后的设计中会发现，设计充满了各种随机变化的需求，有时需要随机变换填充的文字，有时需要随机变换一些图案，还有时需要随机变换不同的数字，这些变化最主要的目的就是使整个界面更加符合实际。否则，如果界面上填充的数据都是千篇一律的，会给人一种不严谨的感觉。因此，这种快速的填充是对设计效果的一个提升。而且设计中不仅需要这种随机性的填充，有时也需要进行有规律的填充，如需要使用这些填充来进行日期选择器的设计等，相关技巧在后面的章节会讲到。

1.4.2　组件库设计 —— 快速制作一个与熊相关的库

组件库的积累在工作中是十分重要的，它可以快速提高工作效率，在应对一些小的需求时，也可以快速完成。但是只积累组件库是不够的，更重要的是要学会积累各种不同的总结能力，这样才可以应对不同的项目。因为有可能今天还在做手机端的项目，明天就要做一个 PC 端的项目。而且随着人工智能的发展，也可能会做一些和语音相关的设计项目。在这些不同的项目中会有不同的组件库，如果只依赖一个组件库肯定是不够的。因此，要提高的不仅仅是积累和扩展的能力，更重要的是变化和总结提升的能力。

接下来就通过一个案例来看看如何快速制作一个组件库。

首先要做出几个正方形，正方形是最基本的一个组件，它有不同的变化作用。正方形通过圆角的变化可以变成圆形，通过裁剪又可以变成其他形状，如对钩等。

其次针对正方形的变化规律，本书也总结出来一些方法。如图 1-52 所示，正方形的变化有 3 种基本方法：一是放大法，二是变形法，三是裁剪法。通过使用这 3 种方法，可以得到一个更大的正方形、一个圆形和一个三角形。

图1-52

最后通过这些元素，就可以快速构建出不同的组件了。在这个过程中很重要的一点是，要有一个最基本的形状，不管它是正方形、圆形还是三角形。如果能从一个最基本的组件出发，变化就会更加流畅和自然，而且如果能从一个形状变化出更多的形状，这个变化就会显得更加有规律。

下面来看看一只熊的变化是怎样完成的。

首先，我们可以观察到一只熊是由很多的圆形组成的。从图 1-53 中可以看到，通过对基本图形的放大，可以形成不同尺寸的圆形，这些不同尺寸的圆形分别可以代表熊的手、眼睛、鼻子等，这些都是一只熊身上的圆形元素。

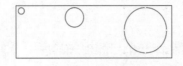

图1-53

　　其次，通过之前所说的一些原则来进行变化。从图 1-54 中可以看到，通过对圆形的变形而得到正方形，也可以通过裁掉正方形的一个角而得到一个三角形。通过三角形的左右变化和对齐，就可以得到一个熊的领带了。在图的右边可以看到，通过对比较大的圆形进行变化和拉伸，可以得到熊的手和身体，以组成完整的熊的形状。

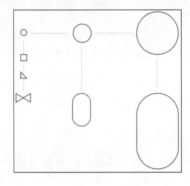

图1-54

　　最后，还要注意尺寸。虽然设计时是比较自由的，但是也要有一定的章法和规律，而且设计本身就是充满逻辑的，从尺寸到颜色值，都是从交互这一步就需要考虑的。要保证在设计一些小的细节时，有一定的章法和变化规律，这样才能从整体上看起来比较有秩序感。

　　例如，在设计这些形状变化时，其尺寸大小是有一定章法的。从图 1-55 中可以看到，中间的图形其实是左边图形的 3 倍，右边的图形是最左边图形的 6 倍，所以它们之间是有一个规律的变化的。

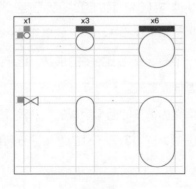

图1-55

1.4.3　实际运用的例子

在实际的界面中，这些变化是怎样展示的呢？如图 1-56 所示，这张图就解释了一个正方形是怎样变化出不同的组件的。图中最基本的形状是一个正方形，可以看到它有 4 个不同的维度，包括属性修改、裁剪、变形和挤压。通过这 4 个维度的变化，可以形成不同的组件，而这些组件就构成了一个比较完整的体系。

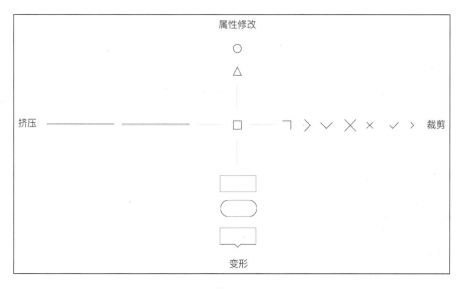

图1-56

可以将这些组件进行组合。从图 1-57 中可以看到，一些不同的简单组件可以组成更加复杂的组件，如开关、单选按钮、滑动条、面包屑等。如果再复杂一点，还可以将这些组件进行复制，这样就可以得到表格、键盘和日历等组件。

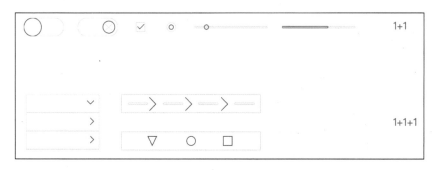

图1-57

　　元素与元素之间的关联是非常奇妙的。从一个图形就可以变换出不同的图形，而这些图形之间又有着紧密的联系。也就是说，掌握一个正方形，就相当于掌握了整个组件库的变化。在之后的设计中，也可以尝试从一个形状变换出不同的形状。

　　下面介绍怎样进行这 4 个维度的变化。

　　（1）属性修改。属性修改就是对问题本身的属性进行修改，包括边角的大小、是圆角还是直角等。

　　可以从图 1-58 所示的菜单中选一个多边形。为什么要选多边形呢？因为多边形有一个边的属性可以调整，这是其他形状所不具备的。可以将一个多边形变成四边形、五边形、六边形等，如图 1-59 所示。

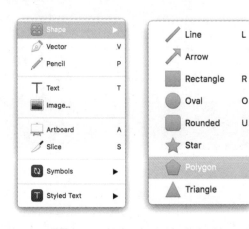

图1-58　　　　　　　　　　　　　　　　　　　　　　　图1-59

　　如果将一个多边形先变成四边形，再将四边形的 4 个角的圆角变到最大，就能得到一个圆形，如图 1-60 所示。通过一个多边形，就可以得到所有能想到的基本几何图案。

图1-60

　　图 1-61 所示的就是通过简单的属性变化，得到的不同的几何图案。

图1-61

（2）裁剪。裁剪就是将一些形状进行裁剪，从而得到一些图案。

如图 1-62 所示，这张图中包含箭头、删除按钮和展开按钮等。可以看到这些组件是十分重要的，而且在交互组件中也是使用频率比较高的。那么应该怎样进行设计呢？观察这些形状，它们有共同的属性——都是有边角的，而且都是直角，它们相当于正方形的某一个部分。那么就可以通过对正方形进行裁剪来变换出这些图形。

图1-62

图 1-63 展示了正方形裁剪的过程。

图1-63

现在只需要将正方形的一个边角进行旋转，就可以得到箭头按钮了，如图 1-64 所示。

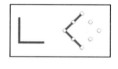

图1-64

同理，删除按钮也可以通过这个箭头按钮变化而成，只需将箭头按钮进行左右翻转，就可以得到删除按钮了，如图 1-65 所示。

图1-65

对钩也是正方形的一部分，只需要在正方形上增加一个点，然后将其他不必要的部分去掉，再逆时针旋转，就能得到一个对钩了，如图 1-66 所示。这里有一个小技巧，就是在添加更多的点时，可以按住 Command 键。通过这个方法，可以直接定位到中点，这样也保证了设计的精确性。

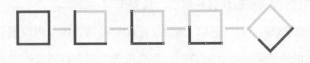

图1-66

（3）挤压。挤压比较简单，就是改变图形的长宽比例。如图 1-67 所示，将左图的按钮形状进行挤压，就变成了直线。

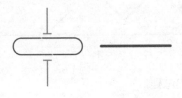

图1-67

（4）变形。变形与属性修改和挤压稍有联系，但它包括的范围更大。如图 1-68 所示，一个长方体可以通过修改圆角大小，变形为圆角矩形；也可以增加一个角，变成聊天气泡框。

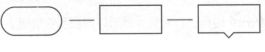

图1-68

通过裁剪、挤压、变形和属性修改，可以得到一个比较完整的组件库。之后如果需要增加更多的组件，就可以在原有图形的基础上进行重复的属性修改和裁剪。通过这种比较简单的变化，可以对整个组件库有一个全局的了解，并且在以后遇到其他项目时，也能快速地构建出自己的组件库。因为在工作时，如果花费大量的时间去制作一个组件库，会降低工作效率。所以要尽可能快地设计，包括之前提到的一些插件，其实也是为了提高效率而增加的。

1.5 小结

本章通过一只熊的案例，整体介绍了 Sketch 软件的基本知识和技巧。从熊回家的地图到熊家人的合照，再到一只熊的构造，步骤虽然看起来比较简单，也很容易做到，但是却有着不同的方式和技巧。交互设计也是这样，需要从最简单的方式中发掘出一些基本的道理和规律，从而使设计更加高效和系统。

2
CHAPTER

小步前行——交互进阶之动画设计

让设计者的想法动起来，动画在交互设计中的重要性不言而喻。在设计完基本的交互逻辑之后，如果能用动画将设计想法表达出来，用户就可以对设计者的设计有一个更加全面的感知。进一步来说，用户不仅可以动态浏览设计，还可以尝试用不同的手势操作，从而更好地体验这个产品。本章通过一些实例来学习交互设计的相关软件，从而学习到快速构建交互动画的技巧。

2.1　浅谈动画之历史

在人们熟知的迪士尼动画开始之前，就已经有很多针对动画设计的装置了。

费纳奇镜是一个由两个圆盘控制的装置，在圆盘转动的时候，可以看到里面的人在运动。费纳奇镜有很重要的意义，因为它相当于无声动画的一个开端装置。这个装置其实利用了一种科学的原理，即视觉滞留。视觉滞留是指人们在看某样东西时，即使这个东西消失了，但它的影像也会在视觉上滞留一段时间，利用这个滞留的间隔，就可以将不同的画面连接在一起，从而形成一个会运动的图画，其动画模式如图 2-1 所示。

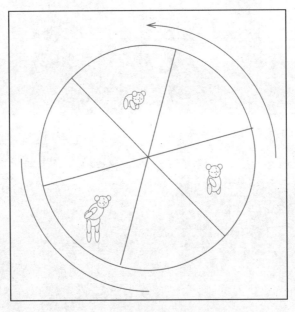

图2-1

手翻书也称手指电影院，其原理就是在书的角落画上不同的小人，这样就相当于为这个动画构建了不同的分镜，然后把这些分镜组合在一起，就变成了一个会动的图画，其动画模式如图 2-2 所示。这种用书来作为动画移动装置的想法十分简捷有效，也是一种新的交互方式。

人们以前读书时需要一页一页地翻书，但是如果快速地把书往下翻，就能看到运动的画面，这相当于将几页书的画面快速地整合在一起。现在，除

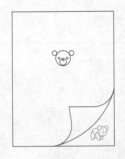

图2-2

了传统的翻书方式外，随着科技的进步，人们拥有了更多看书的方式。例如，可以用 AR（增强现实技术）来设计书籍，只要用手机对着书的其中一页，手机中就会出现书籍的相关动画或立体图。虽然科技在不断进步，但是手翻书的交互效果丝毫不亚于 AR，虽然其中的技术不同，但它们都向读者传递了具有立体感的画面。随着科技的发展，很多以前不可能实现的、很科幻的画面也逐渐变得真实起来。另外，迪士尼的动画据说最早也是来源于这种手翻书[①]，只是其动画的表达更加科技化、高效化。

　　Mutoscope 又称早期的电影放映机[②]，它的整体形状是圆柱形的，可以像摇转盘一样摇动其把手，然后看到里面运动的图画，其动画模式如图 2-3 所示。这个装置有时也被放在儿童乐园中，只要投币就可以看到里面的动画。

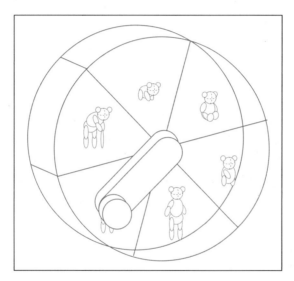

图2-3

　　这 3 种动画装置代表了从线性到立体的交互方式，对比如下。

　　手翻书的动画是以线性的形式展现给用户的，费纳奇镜是圆形的，即图画会沿着圆形来运动，Mutoscpoe 则是更加立体的圆柱形。不同的形式代表着用户与这个产品不同形式的交互。对于线性结构的装置，可以用手从上往下翻；而如果是圆形或圆柱形的，就需要用手去旋转，从而看到更多运动的图案，如图 2-4 所示。

---

① 想了解更多关于手翻书的知识，可以访问 https://en.wikipedia.org/wiki/Flip_book。
② 想了解更多关于早期的电影放映机的知识，可以访问 https://en.wikipedia.org/wiki/Mutoscope。

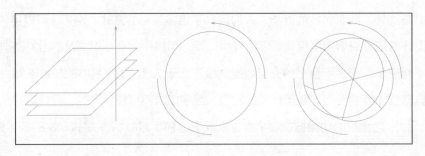

图2-4

动画还有不同的类别，如果按照媒介来分，可分为人偶动画和沙画。其中，人偶动画就是用人偶来表现的动画，沙画就是用沙子来制作的动画。除此之外，还有二维动画、三维动画、油画动画、水墨动画、剪纸动画，以及有科技感的 Flash 动画等。现在，交互动画也成了动画的一个分支。

下面以 Flinto 为基本软件，通过几个动画故事的串联，来介绍用 Flinto 进行动效设计的基本技巧。

2.2 元素之间的动效串联 —— 把熊变成兔子

第一个案例，怎样将一只熊变成一只兔子？

这个案例代表了一种变化的理念，即界面在变化或跳转的过程中，组件与组件之间是有连贯性的。比如，一个关闭按钮可能在另外一个界面上就变成了菜单按钮，如图 2-5 所示。这两者如果没有很好的衔接，就会影响整个界面跳转的流畅度，所以在变换时要考虑元素与元素之间的衔接。

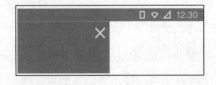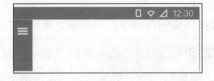

图2-5

那么在这个案例中，熊是怎样变成一只兔子的呢？其实它们的元素之间也是有一定连贯性的，如脸部的连贯、眼睛的连贯等，如图 2-6 所示。通过这些元素的联系，可以使整个动画的变换更加流畅。下面就来制作一个把熊变成兔子的动画。

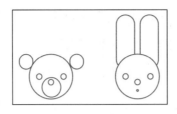

图2-6

　　首先制作一个最基本的熊的图形。这只熊的图形比较简单，只要使用基本形状就可以拼接而成，然后在下面增加一个按钮，并在按钮上面加上文字，这个按钮是控制熊变成兔子的一个触发机制，如图 2-7 所示。

图2-7

　　在这里引入一个行为的概念，这个概念可以在案例中一边做一边理解。

　　Sketch 的操作面板中有一个行为按钮，如图 2-8 所示。这个行为按钮需要在群组中才能使用，所以注意在使用行为按钮之前，要对所有的动画元素进行组群。

图2-8

单击图 2-8 中的"新建行为"按钮后，会进入编辑行为页面，这个页面中包含了群组中的一些部件。在上方的面板中有一个添加按钮，这个按钮可以增加一页页不同的画面。通过调整这些画面，就可以创造出一格一格的动画。首先新建一个状态区域，如图 2-9 所示。

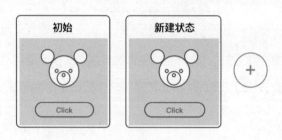

图2-9

其次，要将另一个状态中的熊变成兔子。在变化过程中需要将熊的一些元素进行变化。如图 2-10 所示，根据熊与兔子的元素之间的关联性，第一个变化的部分是熊的耳朵，将熊的耳朵进行拉伸，便可以看到兔子耳朵了；第二个变化就是将熊的嘴巴缩小成兔子的嘴巴。

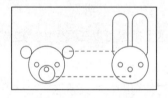

图2-10

通过刚刚两个步骤的变化，便把一只熊变成了一只兔子。这其中的步骤并不复杂，需要增强的是观察与联系的能力，因为在实战中也可能会遇到类似的内容。图 2-11 所示的是一些常见的变化示例，类似的案例有很多，这里只是其中的一部分。在交互界面的变化中，如果能考虑变化前后的关联性，就可以增强整个过程的连续性。

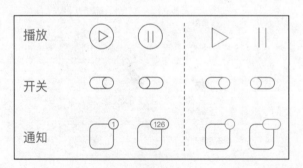

图2-11

接下来介绍这两个变化之间应该如何衔接。

如果已经全盘考虑过哪些元素之间是可以关联的，那么衔接的过程就相对简单了。总体来看，需要先连接页面，再连接元素，如图 2-12 所示。

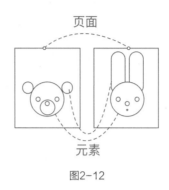

图2-12

1. 连接页面

之前已经定义了一个按钮，主要是通过这个按钮进行两只动物之间的切换。因此，需要给这个按钮添加一些动作，这个动作的添加主要用"手势面板"完成，如图 2-13 所示。

切换的手势有多种，这个软件中的手势基本覆盖了交互操作常用的各种手势，包括点按、抬起、鼠标悬停等，如图 2-14 所示。

图2-13

在选择所需的手势之后，可以看到图 2-15 所示的面板中已经出现了一个"手势"模块，这个模块可以方便随时调整刚刚进行的操作。这时只要在目标列表中选择想要跳转的页面即可。

图2-14

图2-15

然后页面上会出现一条连接线，它可以直观地反馈元素之间的关系，如图 2-16 所示。

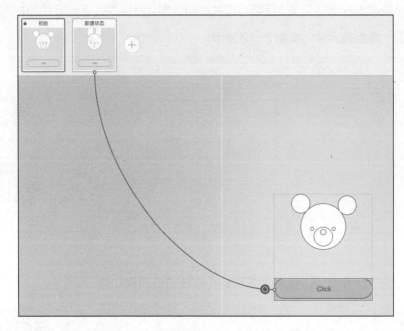

图2-16

2. 连接元素

连接元素的过程也是相对简单的，只要在面板中选择相连接的两个元素，然后在上端工具栏中单击"创建链接"按钮即可，如图 2-17 所示。

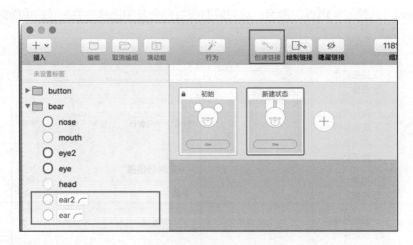

图2-17

最后，就可以播放整个动画了。单击软件右上方的"播放"按钮，便可以看到一个预览窗口，如图 2-18 所示。这时可以操作这个动画，也可以录制视频，还可以导出到手机上，方便随时与用户一起做用户测试。

图2-18

2.3　微动效设计 —— 滑动的熊

第二个案例，怎样制作一只会滑动的熊？

这个案例其实涉及一个比较微小的交互理念，即在设计动画时，经常需要在微小的细节之处增加一些创意的点。比如常见的轮播切换条（如图 2-19 所示），可以看到，菜单的下面有几个代表页数的切换点，这些点虽然看起来比较小，但是如果能够将它的跳转制作得比较精致与流畅，也能给人耳目一新的感觉。

本节通过一只熊向前滑动的动画来探讨这一点。如图 2-20 所示，熊一开始在图中最左端的位置，之后会逐渐滑到右端的圆圈中。有一点需要注意，其中的圆圈并不是直接用圆形来画的，而是用圆角矩形，这方便设计时进行形状的变化，在后面的讲述中会涉及这一点。

图2-19

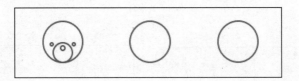

图2-20

动画的整个画面包含两部分，分别是滑动部分和定位部分，如图2-21所示。滑动部分与定位部分联动变化，如图2-22所示。

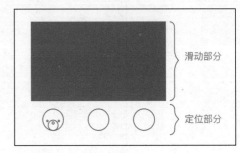

图2-21

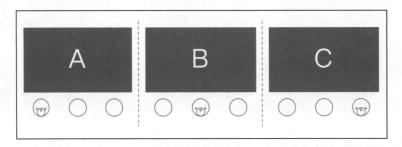

图2-22

在这个变化中，一共有3个页面需要滑动。对于滑动行为，在软件中很快就可以做到。从图2-23中可以看到，操作面板中有一个专门的滚动选项，只需要进行相应的选择，就可以得到滑动的效果，如可以选择垂直滑动或横向滑动。此时如果开始播放页面，就可以看到上图的内容可以快速左右滑动了。

这里还有一个注意点，就是分页。分页有什么作用呢？对比图2-24中的两张图便可知道答案。分页时，在滑动停止后，页面还会持续移动一段距离，以保证框中出现的是整个画面。

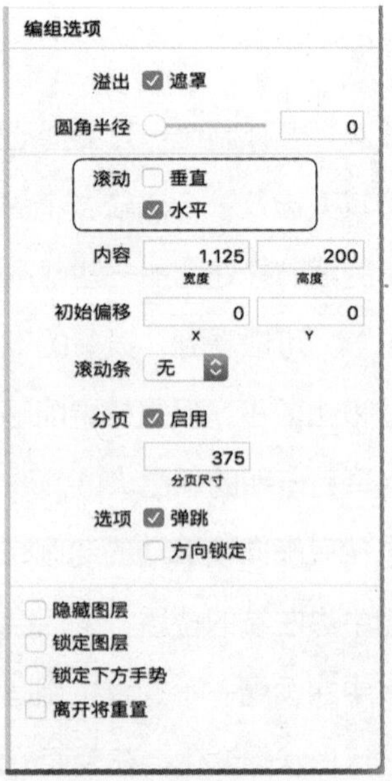

图2-23

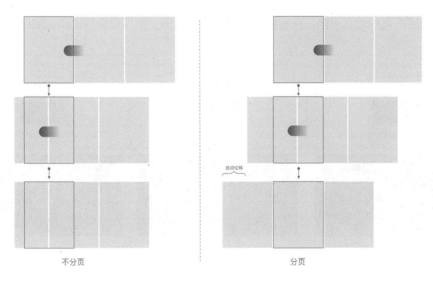

图2-24

　　下面需要做的就是把目前的滑动区域与下方的三个定位点关联起来，创造出滑动的效果。这里会用到前面提到的行为。

　　行为功能这里不再赘述，主要是将需要进行动效设计的元素进行重组，然后进入行为页面进行编辑，如图 2-25 所示。

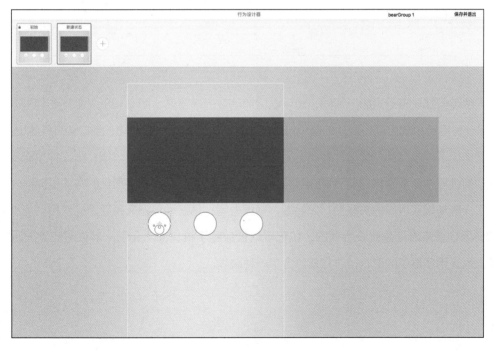

图2-25

这里增加了不同的动画窗格，在窗格中移动与变形元素，就可以构成动画，如图 2-26 所示。

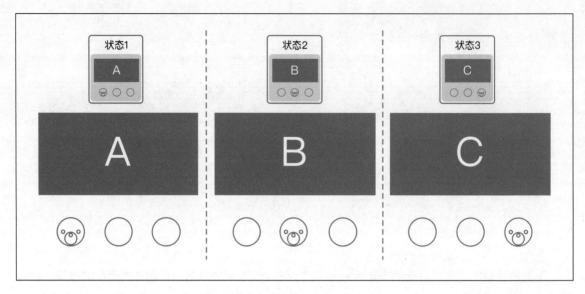

图2-26

虽然最终的目标是从第一个点移动到第二个点，但如果要将动画制作得精细，还要考虑起点与终点中间的状态，如图 2-27 所示。

图2-27

临界状态虽然只有短短的一瞬间，却可以增加动效的丰富度。图 2-28 中便有 3 种不同的变化情况：第一种毛毛虫式可以将滑动的整个过程连贯起来，随着页面的滑动，熊本身的身体也在移动，这一方面体现了熊本身的"慵懒"特质，另一方面也符合物理的摩擦力规律；第二种是隐身方式，就是移动的过程中渐渐隐藏，然后到终点时又逐渐出现，这种方法并不是最优的方法，与第一种相比，它缺少了一些与现实世界的关联性，如黏性、摩擦力等；第三种虽然只是简单的变形，但结合手机具体的使用场景来看还是比较合理的，如它可以被放到手机桌面，在第一屏就对应到 Home，而且形状上也使用了屋子的形状，这样就包含了一种隐喻。

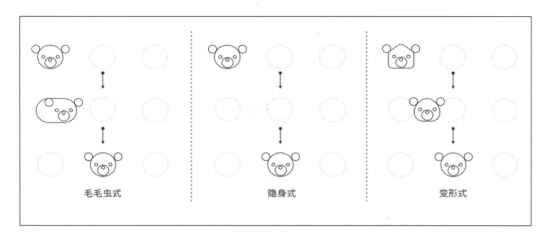

图2-28

下面以第一种变换模式为例继续制作。

首先定义前、中、后 3 个状态的窗格，在窗格中变化元素的形状与位置，如图 2-29 所示。

图2-29

其次需要做的是将滑动区域与下方的滑动点关联起来，如图 2-30 所示。

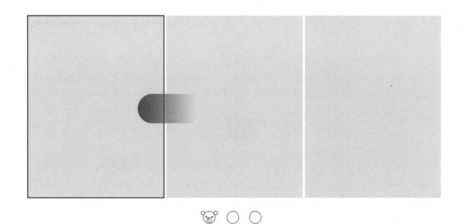

图2-30

还需要为滑动区域添加滑动手势，如图 2-31 和图 2-32 所示，以触发整个动画。

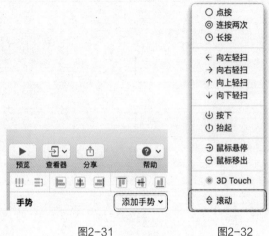

图2-31   图2-32

添加手势之后，可以看到手势下方增加了一个面板，如图 2-33 所示，这个面板可以定义滚动的方向及滚动的距离。

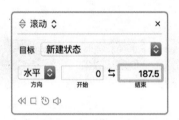

图2-33

从图 2-34 中可以看到，画板结束的距离是 187.5px，为什么呢？因为目前的画板宽度是 375px，而 187.5px 刚好是滑动到中间的位置，这与下方滑动熊的中间状态是相匹配的。

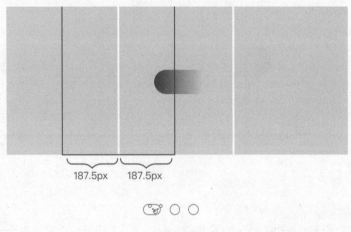

图2-34

最后就是从中间状态到最终状态的动画。其基本步骤是相同的，只是把开始到结束的距离改为剩余的距离，即 187.5px 到 375px 的位置，如图 2-35 所示。这样就可以保证滑动的变化与手势的变化是紧密关联的。

图2-35

完成之后单击"播放"按钮，即可看到刚刚设计的滑动效果，如图 2-36 所示。

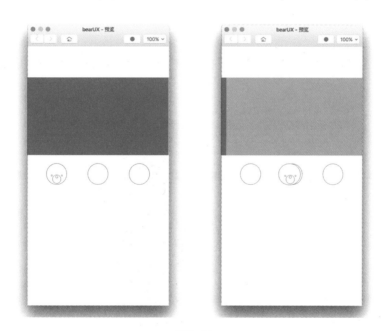

图2-36

2.4　材质化动效 —— 一只肚子有弹性的熊

第三个案例，怎样做一只肚子有弹性的熊？

这个案例讲的主要是元素与元素之间有弹性的变化，通过弹性的变化，可以制作出一些比较有趣的动画效果，本节通过一只熊的肚子对比进行讲解。在这个案例中，尝试将一只熊的肚子在拉升的过程中进行扩大，从而形成一个比较流畅的拉出结果，如图 2-37 所示。

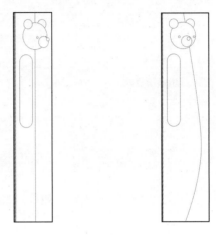

图2-37

这个动效有什么作用呢？它可以用于常见的右侧拉出面板，这在手机界面中是比较常用的，如图 2-38 所示。

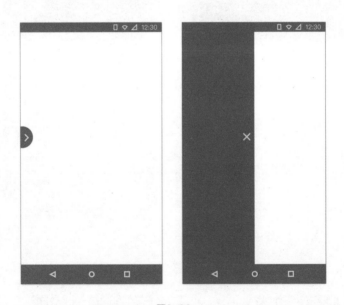

图2-38

首先需要做的是在熊的肚子上增加一个点，如图 2-39 所示。这个点是控制熊肚子的缩扁和鼓起两个状态的。

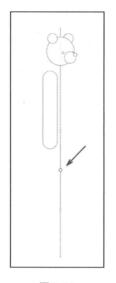

图2-39

其次是按照前面所讲述的，将与动画相关的所有元素成组，再在成组的基础上进入行为的操作面板，如图 2-40 所示。可见，软件的使用都有着既定的模式，而这些模式具有通用性，如同做很多动画都会使用到"行为"步骤一样，这些既定的步骤使我们可以快速掌握一个软件。

图2-40

再次需要做的就是将熊的前后两个状态分别设计出来。除了前面提到的增加窗格然后进行变换外，这个案例有一个特殊的点，即直接移动点来变换，而不是重新画一个鼓起来的肚子，如图 2-41 所示。因为这样前后两格动画才能够连贯起来。

另外，除了将熊的肚子变鼓之外，还可以增加一个三维的效果，即这只熊的头部会朝一边看过来。我们设计的明明是一个平面的动画，为什么可以将熊的头部进行三维的变化呢？这里只是用了之前学过的技巧，将一些元素进行移动，使整个熊的头部有一个旋转的错觉。这里只需将熊的眼睛、耳朵、鼻子、嘴巴进行向左的移动，便可以将熊的面部正面对着屏幕了，如图 2-42 所示。

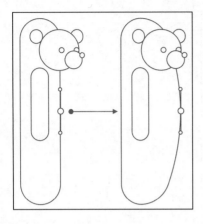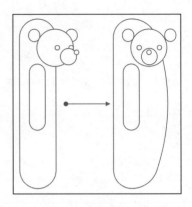

图2-41　　　　　　　　　　　　　　　　　图2-42

　　最后就是添加手势，因为是一个向右拉出的动作，所以需要添加一个"向右轻扫"的手势来触发拉出变鼓的动画，如图 2-43 所示。

　　除此之外，还要做一个返回的效果，使熊的肚子变回扁平状态。这时只要添加一个"向左轻扫"的手势，如图 2-44 所示，就可以将画面调回原来的样子。

图2-43　　　　　　　　　　　　　　　　　图2-44

　　单击"播放"按钮之后，可以用鼠标模拟手指进行向右的拖动，此时可以看到熊的整个肚子会进行有弹性的变化，同时头部也逐渐移动，似乎在警告说"不要再按我的肚子啦"，其前后对比效果如图 2-45 所示。

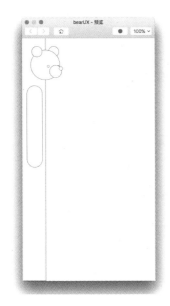 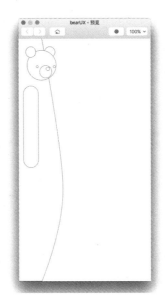

图2-45

2.5　自触发动效 —— 眨眼睛的熊

第四个案例，怎样做一只会眨眼睛的熊？

眨眼睛的操作有什么作用呢？这似乎是一个比较小的动作。可以联想一下文本输入框，在文本输入框中进行输入时，光标是闪动的，因为它需要对用户有一个提醒，如图 2-46 所示。虽然这是一个比较小的交互细节，但是由于文本框在设计中会经常出现，需要用户手动输入一些信息，包括登录信息等，因此，掌握一个活灵活现的眨眼睛效果，对于交互设计来说是比较有用的。另外，本节关联的一个知识点是根据时间自动跳转的技巧，这个技巧适用于各种自动触发的跳转，如短暂的 Toast 提醒、自动刷新页面和完成某个任务后自动加载等。

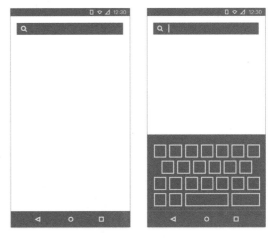

图2-46

首先，基本操作步骤与前面一致，就是先画一只熊，然后为它加上眼睛、鼻子和嘴巴，如图2-47

所示。这里需要注意的是，画眼睛时并不是用圆形，而是用方形，然后将其圆角调到最大，这样就变成一个圆形了。因为熊眨眼时眼睛是眯成椭圆形的，所以要用方形加圆角的形式来画。此外，因为熊眨眼时是以下眼睑为基准进行眨眼，而现在是以上眼睑为基准的，所以需要将眼睛旋转180度，将其翻转过来，如图2-48所示。

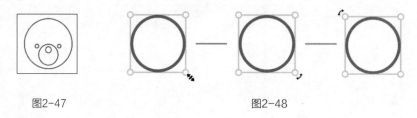

图2-47   图2-48

其次是添加行为，再进入编辑行为的页面。

进入编辑行为页面后，需要添加一个眨眼的状态，然后在这个状态中将眼睛的纵向高度改变，如图2-49所示。

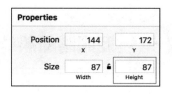

图2-49

变换中的示意图如图2-50所示，可以通过它感受一下熊从精神饱满到睡眠惺忪，再到闭上眼睛睡着的状态。

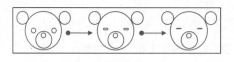

图2-50

此时需要考虑的一点是，熊眨眼睛的过程是自动进行的，所以这里的跳转是不需要通过手势或按钮触发的，只需让这两个形状进行一个自动的切换即可，如图2-51所示。

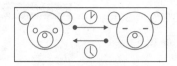

图2-51

最后只需要在第一个画面中右击，就会看到一条红色的线。然后将红色的线拖动到第二个画面中，就可以看到一个可以输入的区域，如图 2-52 所示。在这个输入区域，时间代表了两个画面跳转之间的延时，由于眨眼睛的速度比较快，所以就将时间设定为 0s。

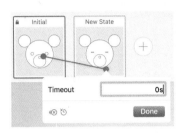

图2-52

同样地，还需要定义返回的跳转，如图 2-53 所示。这样两个画面便可以在时间的触发机制下进行左右和右左的跳转，此时不需要其他的触发机制，熊便可以眨眼睛了。

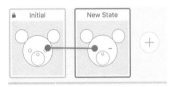

图2-53

单击"播放"按钮，便可以看到一只正在眨眼睛的熊，如图 2-54 所示。

图2-54

3

CHAPTER

循序渐进——
交互进阶之设计呈现

PPT 是交互设计中一个比较重要的工具，因为这个工具可以帮助人们高效快速地做很多不同的事情。在工作中，经常需要准备各种各样的材料，不仅需要准备设计方面的材料，还需要准备汇报的材料，或者是展示设计的材料。所以我们不仅要掌握画图的基本原理，还需要掌握怎样将图更好地呈现在用户面前，使自己的设计更加有说服力。本章主要讲述使用 PPT 进行设计的一些基本技巧，以及介绍了使用 PPT 制作交互设计时需要准备的一些基本材料和组件库的积累，以便应对工作中的不同情况。

3.1 基本元素的制作

3.1.1 制作基本组件

首先来介绍基本组件的制作。在还没有发明比较高效的设计工具（如 Axure 和 Sketch）时，有一些交互设计师是使用 PPT 进行设计的。在浏览一些组件库时，可以看到一些设计的资源中包含了用 PPT 设计的交互设计的文件稿。作为设计师可以学习一下用 PPT 设计的技巧，以便应对不同的情况。下面就来制作一些基本的组件库，这些组件库可以帮助制作出不同的交互稿，如图 3-1 所示。

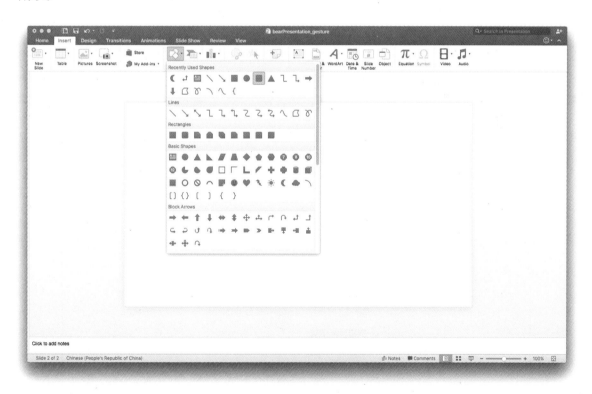

图3-1

第 1 章介绍过，一个组件库是由一个基本的图形不断变化而来的，通过挤压、裁剪、变形、属性修改等原理，可以快速地制作出一些基本的组件。同理，在 PPT 中制作时，也可以选择一个最基本的图形，但需要保证这个基本的图形有着比较丰富的属性，它可以变化成其他的图形。比如，选择 PPT 中的圆角矩形，因为它的属性变化比较多，可以将圆角变成直角，也可以进行挤压的操作，还可以在圆角矩形中填充不同的文字。

图 3-2 就是通过圆角矩形所变化出的一些不同的形状。

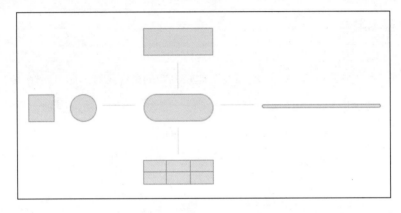

图3-2

在变化出这些不同的形状之后，就可以通过一些图形的组合或复制来创造出不同的组件。如图 3-3 所示，通过颜色进行区分，将比较重点的元素区分开，从而制作出日期选择器、滑动条、开关按钮、文字输入框等不同的组件。

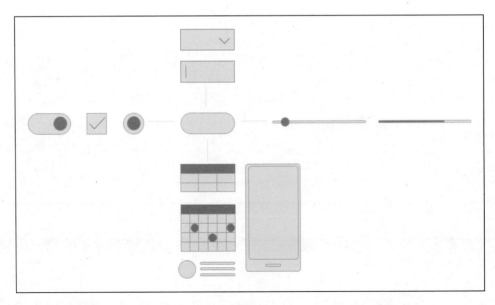

图3-3

3.1.2　手势的制作

除了一些基本的组件之外，在呈现设计思路时，也要展示不同的页面是怎样跳转的，所以需要将手势或用户的操作表达出来。

基本的手势包括上滑、下滑、左滑、右滑和旋转 5 种。下面制作一个左右滑动和一个旋转滑动的手势。在制作手势时，也是从最基本的组件开始，然后将这个组件进行不同的变化，这样可以快速地提高制作效率。

1. 左右滑动手势的制作

首先在图中画一个基本的圆角矩形，如图 3-4 所示。其次为这个圆角矩形填充渐变的颜色，如图 3-5 所示。

图3-4　　　　　　　　　　图3-5

将多余的颜色去掉，只保留蓝色和白色两种颜色，同时将白色的透明度降到最低，这样整个手势就会有一段实体，有一段透明，就可以悬浮在页面上方了，如图 3-6 所示。

图3-6

最后通过右侧的面板调整渐变的方向，如图 3-7 所示。

图3-7

调整完方向之后，即可看到一个向左滑动的手势的基本雏形，如图 3-8 所示。

图3-8

因为有一面颜色是虚的，有一面是实的，所以这个滑动手势代表了一个从右向左滑动的趋势，如图 3-9 所示。如果需要反方向的手势，只需要将它调整方向即可。向上滑动和向下滑动的手势，都可以通过对这个基本手势进行旋转得到。

图3-9

2. 旋转手势的制作

旋转类型的手势比滑动类型的手势复杂一点，因为它的整个形状是圆形的，而且涉及两个手指的交互。

首先在 PPT 的基本图形中选择一个弧形，如图 3-10 所示。

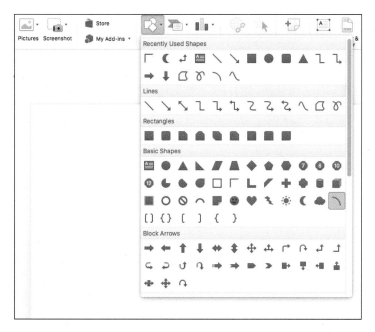

图3-10

插入这个形状之后，右侧的属性面板中会出现这个形状的一些属性。调整这些属性，使它成为一个旋转的手势，如图 3-11 所示。

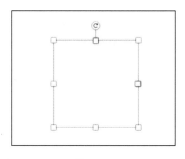

图3-11

有两个最基本的参数需要调整，一个是颜色的参数，另一个是形状粗细的参数。颜色的参数与滑动手势的参数调整原理类似，而形状粗细的参数调整也比较简单，只需要改变描边的粗细即可，效果如图 3-12 所示。

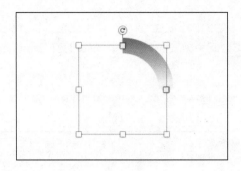

图3-12

还有一点需要注意，描边也分不同的方式，如圆角的描边、直角的描边及其他的描边。现在需要的是圆角的描边，如图 3-13 所示，因为这样整个手势会有一个圆润的效果。

图3-13

因为要制作的是一个旋转的手势，而旋转的手势一般需要两只手来进行互动，所以只需加一个形状复制，就可以形成一个完整的旋转手势了，如图 3-14 所示。

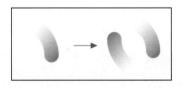

图3-14

图3-15中包含了3种比较基本的旋转手势，分别代表了不同方向的旋转及不同连续性的旋转，但它们都是由最基本的形状部件构成的。

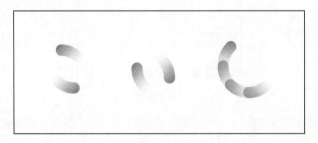

图3-15

在制作完两种基本的形状之后，可以看到一个手势的集合，如图 3-16 所示。图中最右边是一个点击的手势，这个手势用得比较多，制作的方法也比较简单，它主要是由两个基本的圆形构成的。

图3-16

3.1.3 秩序

接下来要为这个 PPT 增加一点有秩序的感觉。因为设计稿要在 PPT 中传达一种逻辑的关系，所以需要使用一些元素将逻辑表达出来，从而形成一种有秩序的感觉。下面就使用 PPT 来制作一些简单的逻辑数字元素。

首先选用一个基本的圆角矩形作为开始，如图 3-17 所示。

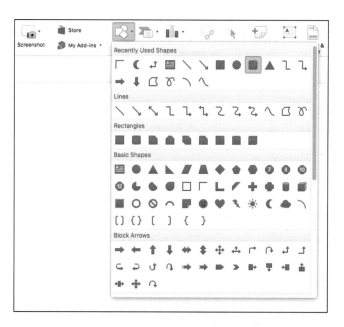

图3-17

PPT 中的所有图形都是可以直接填充文字的，因此可以直接在这个圆角矩形中输入一些数字，这样就构成了一个基本的数字组件，如图 3-18 所示。

图3-18

其次通过一些基本的属性变化，可以将圆形的组件变成直角的组件，也可以将其拉伸变成说明性的组件，如图 3-19 所示。做完这些之后，就构建出了一些比较基本的秩序组件。

图3-19

最后进行方案的表达，即呈现时可以通过这些组件对前面的元素进行说明。例如，可以将一些数字放在设计稿中作为位置的标示，然后在界面下方进行详细的描述，如图 3-20 所示。

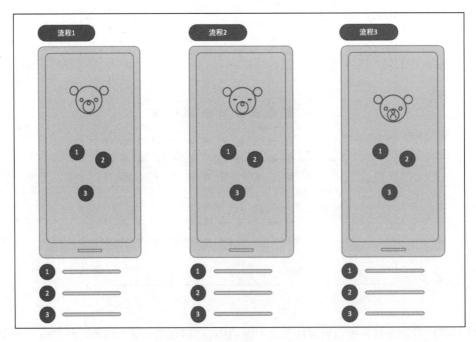

图3-20

3.2 　快速生成图形

　　在做完基本的组件之后，还需要做一些图形的分析工作。因为设计稿是要有理论支持的，不是凭空想出来的。所以，在呈现方案时，不仅要将原始方案呈现出来，还需要将思考的过程、分析的过程呈现出来。因此，分析图表在 PPT 制作中也是很重要的。本节先介绍一个比较重要的概念——随机数字。

　　在用 PPT 制作图表时，会大量地使用随机数字。随机数字不仅可以代表表格中的数字，也可以用作画图，还可以用来制作一些随机形状。例如，图 3-21 中的气泡图及图 3-22 中的花状图，都是使用随机数字制作的。这在后面的案例中会讲到，本节主要介绍怎样在 Excel 中生成一些随机数字。

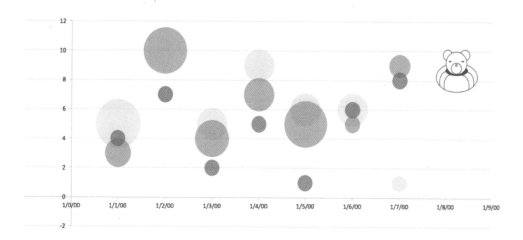

图3-21

图3-22

打开 Excel 软件,在软件中可以看到一个与表达式相关的按钮 fx,如图 3-23 所示。

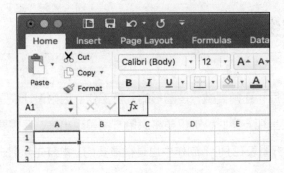

图3-23

在右侧的面板中查找与随机数字相关的表达式,即"RANDBETWEEN",如图 3-24 所示。这个表达式表示在任意两个数字之间产生随机数字。

图3-24

将随机数字定义为 5~10,如图 3-25 所示。

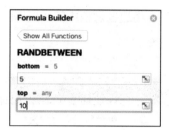

图3-25

从图 3-26 中可以看到，如果用鼠标单击单元格，它的右下角会有一个比较小的标志，只要向右拖动这个标志就可以在其他单元格中自动输入随机数字。

	A	B	C	D	E	F	G
1	8						
2							
3							
4							
5							

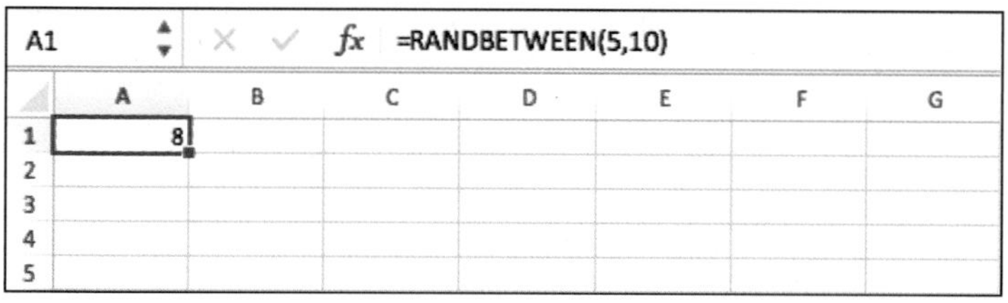

图3-26

通过向右拖动或向下拖动产生了不同的随机数字，如图 3-27 所示。

	A	B	C	D	E	F	G
1	5	7	5	6	6	8	
2							
3							
4							
5							

图3-27

最后就可以得到一个快速生成的随机数字表格，如图 3-28 所示。

	A	B	C	D	E	F	G
1	9	10	7	10	8	7	
2	8	10	8	5	9	8	
3	5	10	10	6	6	9	
4	10	8	10	7	5	9	
5	9	7	6	5	7	6	
6	8	6	6	8	5	6	
7	9	5	5	6	7	8	
8	5	6	6	7	7	5	
9							
10							

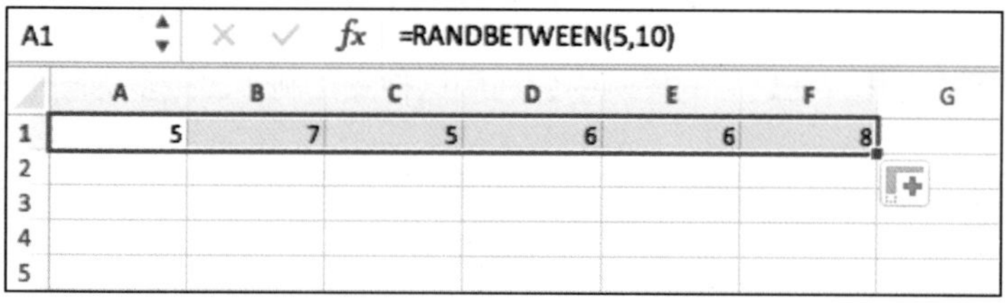

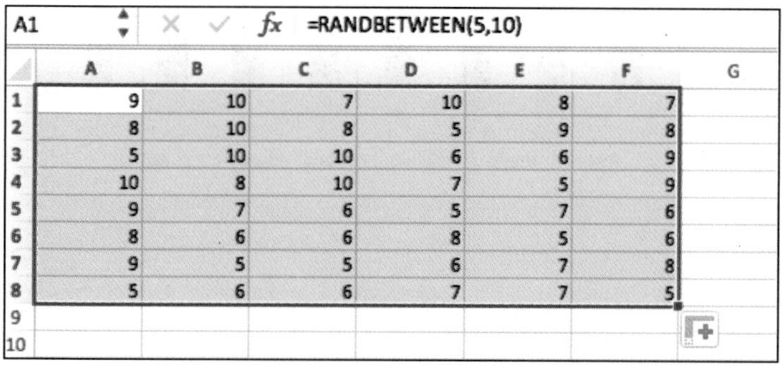

图3-28

那么这个表格有什么作用呢？下面将这些表格中的数据用图表表达出来。如图 3-29 所示，选择一种基本的条形图作为可视化的基准。

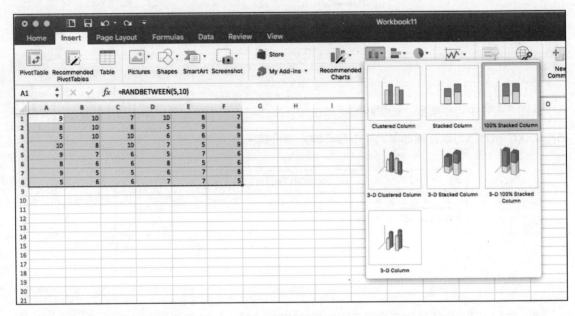

图3-29

然后就可以生成一张变化多端的条形图，如图 3-30 所示。因为使用的数字是随机的，所以生成的图表也有着丰富的变化，在之后的案例中会利用这种变化制作出更多的图形。

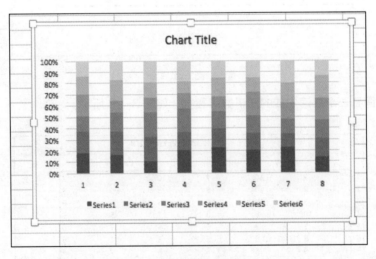

图3-30

3.3　整合与图表制作

3.3.1　分析图表

下面介绍如何制作一个散点图。散点图在调研与分析中经常会用到，它主要适用于对比不同产品的优缺点，或者对比不同产品的不同分类。散点图的整体形态对称且有规律，可以对产品进行定位，或者综合比较不同产品的优缺点。图 3-31 所示的就是一张分析对比各种可视化图表的十字分析散点图。

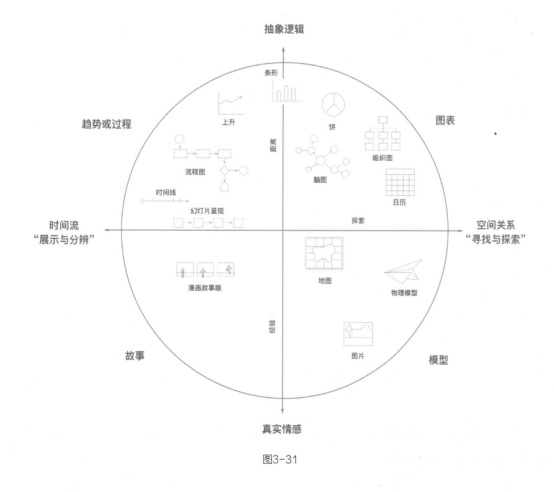

图3-31

首先在图表中插入一个散点图，如图 3-32 所示。

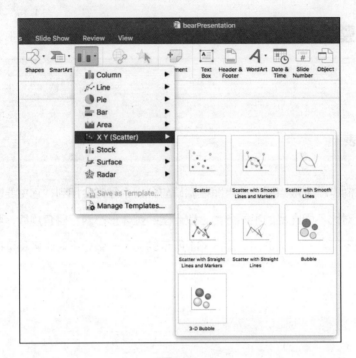

图3-32

插入散点图之后，就可以看到一个散点图的基本形态，如图 3-33 所示。

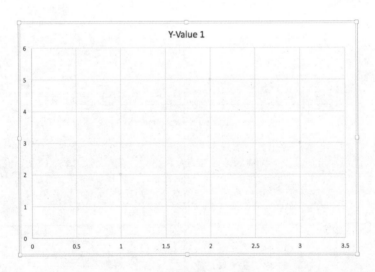

图3-33

下面要将图中的一些多余元素去掉，可以将坐标轴或图中的一些横线和竖线去掉，这样整个散点图就会更加简洁，如图 3-34 所示。

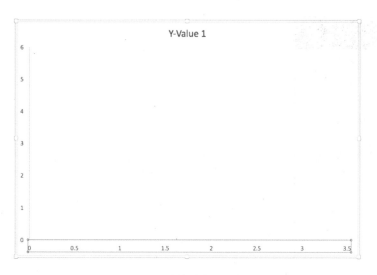

图3-34

其次，这个场景图是由两个坐标轴组成的，而且只有一个象限，但是我们分析的散点图应该是一个十字的形状，所以要对散点图的坐标轴进行一些调整。只需在图中右击，就会弹出一个面板，如图 3-35 所示，在其中选择关于坐标轴的调整选项。

图3-35

将坐标轴的数字调整到最大值与最小值的中间位置，使坐标轴可以交叉，如图 3-36 所示。调整完坐标轴之后，就可以看到一个四象限的散点图了，如图 3-37 所示。

图3-36

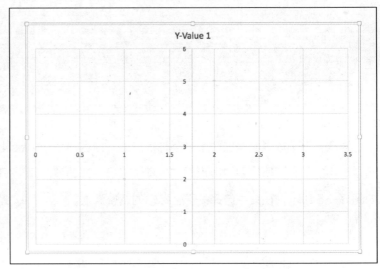

图3-37

　　清理掉一些多余的元素之后，即可得到一个比较简洁的四象限图，如图 3-38 所示。可以看到图中有一些不同的点，这些点代表了不同调研产品的分布情况。目前这些点的外观展示影响了整个象限分布图的视觉效果，所以下面要对这些点进行美化，以使整个图更加美观。

　　如图 3-39 所示，操作面板中有一个关于标记符号的选项，可以通过这个选项来改变这些标志的形状，如可以选择正方形、长方形、三角形等。

　　另外，还有一个选项是与图片相关的，可以直接插入之前已经制作好的图片，如图 3-40 所示。而且这种图片在制作图表时会经常用到，因为设计调研的产品经常会有代表性的 LOGO。

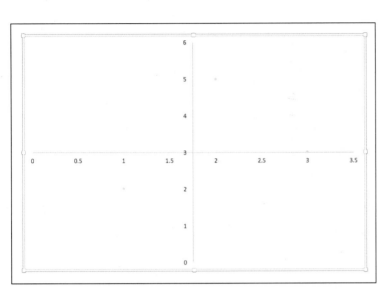

图3-38

图3-39

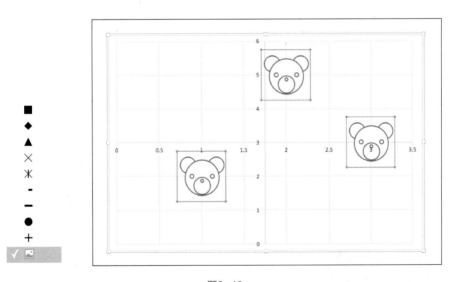

图3-40

　　此时，这些标志虽然比原来美观了一些，但是显得比较大。然而右边的面板上并没有与这些标志相关的尺寸调整选项，那么应该怎样修改图形的大小呢？

这里有一个小小的技巧，就是可以重新选择正方形或其他的图形，如图 3-41 所示。

图3-41

选中图形之后，这些标志下面虽然还是填充原来的图片，但是又多了一个尺寸调整的属性，通过调整这个属性即可改变图片的大小，如图 3-42 所示。

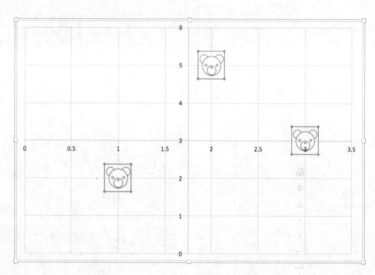

图3-42

可以提前制作一些不同表情的熊的图片，然后加入图表当中。从图 3-43 中可以看到，这个散点图中加入了一些不同表情的熊的图标。

图3-43

除了使用图标来表示外，还可以用大写字母的方法来进行不同产品的区分，如图 3-44 所示。

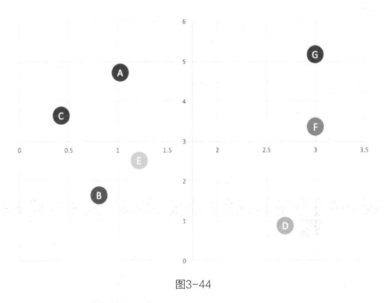

图3-44

另外，还可以使用 Excel 中原有的图形进行数据的区分。例如，使用三角形、正方形、圆形等，也可以将整个散点图比较明确地表达出来，如图 3-45 所示。

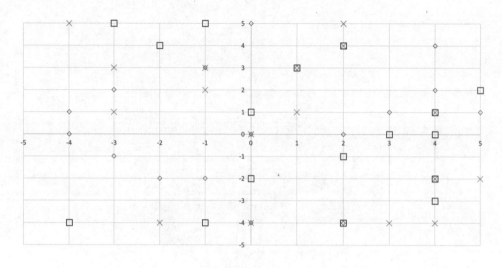

图3-45

3.3.2 图表集合

在制作完散点图之后，也可以探索一下其他图表的制作，尝试直接切换不同类型的图表，再将这些图表进行个性化的美化。本节所示的例子都是利用 PPT 加上 Excel 随机数字图形的功能制作的。

上节画了一张散点图，只需通过切换就可以把这个散点图变成其他的图形，如变成一个星状图，如图 3-46 所示。

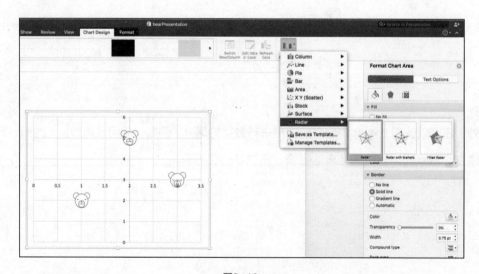

图3-46

变成星状图之后，可以适当增加一些个性化的图标来完善整个图表。星状图便于展示不同产品之间的优势和劣势。比如，从图 3-47 中可以看到 5 个基本元素，这 5 个元素代表几个比较有优势的产品。一个元素所占线状图的面积越大，就代表这个产品所占的优势越大。

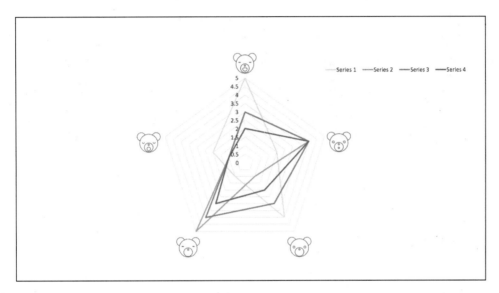

图3-47

图 3-48 是通过折线图描绘出来的，折线图便于对比不同产品的发展趋势和变化趋势。

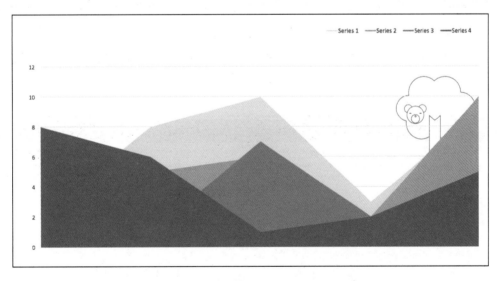

图3-48

如图 3-49 所示，条形图也是图表中经常使用到的，它的作用是方便将不同的产品进行一个形象化的对比。

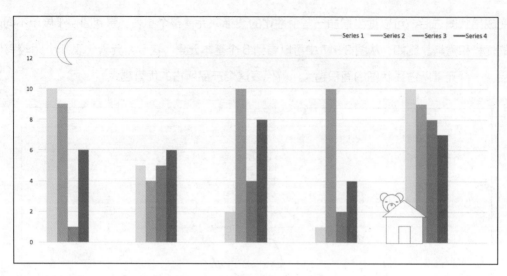

图3-49

3.3.3 封面与完善

在制作完这些基本的组件及分析的图表之后，就可以简单地为整个分析报告做一些美化。但是，交互设计与视觉设计不一样，需要快速地将设计思维表达出来。因此这里需要最少化的设计。之前分析图表的制作只是用作分析，但它也可以用作视觉上的设计。如果可以用分析图表进行视觉设计，那么将会节省很多时间。因为不需要再使用别的软件或去互联网上找更多的图片插入分析报告中。

下面为分析报告制作一个简单的封面。在这个封面中使用的最基本的图形是甜甜圈图，如图3-50所示。

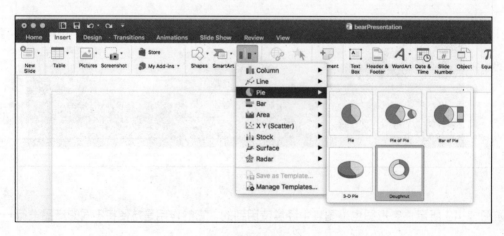

图3-50

插入图形后，可以看到一个有不同颜色的圆圈，如图 3-51 所示。

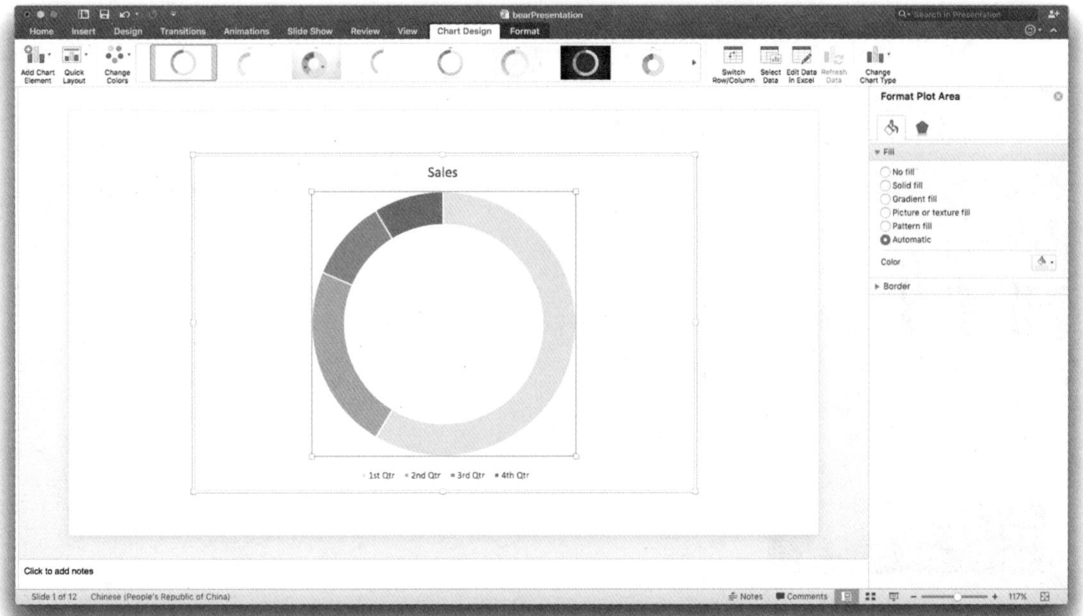

图3-51

利用这个简单的圆圈，再去除多余的元素，就可以画出一些基本的图形了，如图 3-52 所示。这个基本的抽象图形可以作为封面。

图3-52

如图 3-53 所示，图中集合了之前提到的一些知识点，包括组件的制作、图表的制作等。设计调研或设计呈现就应该有这样的效果，不仅要有一些基本的设计页面，还要有分析过程作为辅助，以使整体的呈现效果更好。

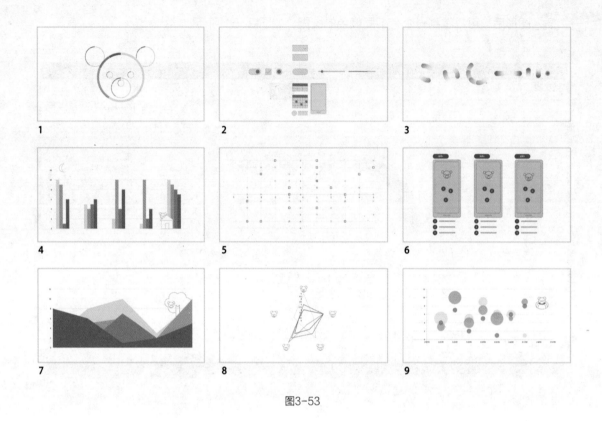

图3-53

3.4 数据表格的制作

Excel 是我们进行分析调研时经常使用的工具,因为在调研时经常有大量的数据,这些数据需要统一整理和分析,之后可以得出一些结论。在分析这些数据时,不仅要用这个表格,还需要将表格进行美观的设计,这样才能给阅读者愉悦的感受。本节主要介绍怎样设计一些比较好看的表格,并制作一张分析的图表。

如果要将繁杂的数据向读者呈现,就需要将数据进行分区。比如,图 3-54 所示的是一个可以参考的形式,其视觉焦点区代表了整个数据图的主题,使读者一眼便知道这个图背后的故事。主视觉区域着重于传达理念,而一些富有变化的图形则侧重于增加数据图的深度与细节。图 3-55 展示了设计数据图表时可以考虑的一个基本布局。

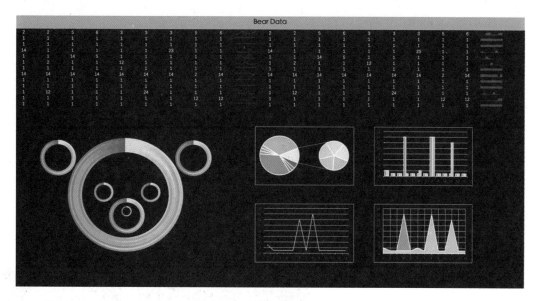

图3-54

主数据		总体趋势
视觉焦点区	洞察1	洞察2
	洞察3	洞察4

图3-55

1. 主区域设计

首先要将背景变成黑色，如图 3-56 所示。

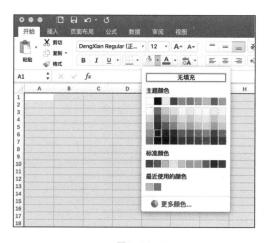

图3-56

其次插入一个圆圈图，如图 3-57 所示。最后删除一些多余的数据，再将背景颜色去除，如图
3-58 所示。

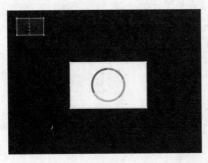

图3-57   图3-58

圆圈图有一个比较好玩的功能，就
是它可以一层一层地叠加。图 3-59 所
示的便是圆圈图叠加的效果，它可以产
生不同的圆圈层次。此方法比较简单，
只需要复制原来的圆圈图，然后在原来
的圆圈图上进行粘贴即可。也可以将一
些数据进行变化，这样就可以将原图的
颜色和角度进行改变，如图 3-60 所示。

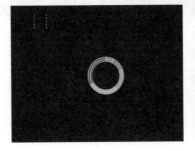   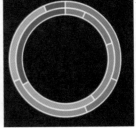

图3-59   图3-60

另外，Office 的软件还有一个重
要的功能，就是它有自带的颜色库，这
些颜色库可以将颜色调整为比较平衡
的效果，如图 3-61 所示。

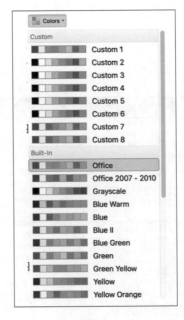

图3-61

选中颜色之后，可以看到原来的颜色变成了渐变的颜色，是比较平衡的圆圈图了，如图 3-62 所示。

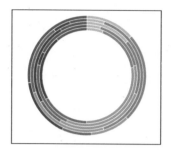

图3-62

2. 细节区域设计

有了主要的视觉区域之后，还需要增加一些图表的细节。本节介绍一个简单的图表——折线图，如图 3-63 所示。虽然折线图的插入比较简单，但是它可以为图中的数字增加一些变化及比较精细的细节。

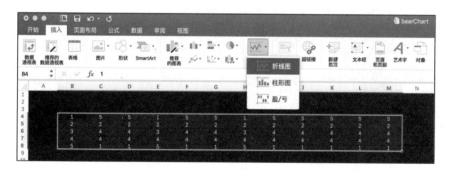

图3-63

选中折线图之后，需要选择迷你图的数据区域，如图 3-64 所示。

图3-64

选择数据的右侧作为数据图的生成区域，如图 3-65 所示。

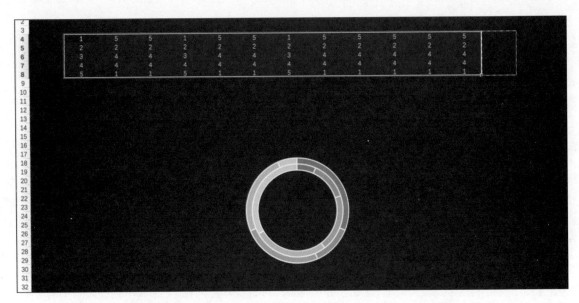

图3-65

插入之后，就可以看到在数据右侧形成了一些不同形状、不同起伏的迷你图，如图 3-66 所示。

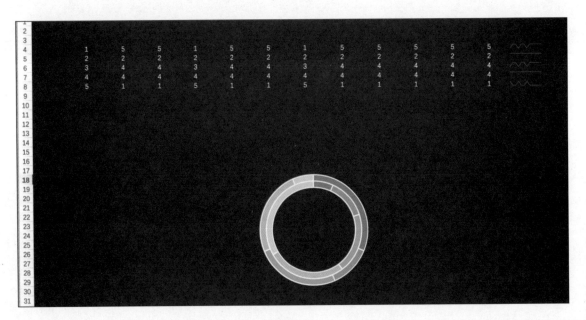

图3-66

通过复制粘贴及更多数据的加入，可以复制出更多不同的图片，也可以尝试使用不同的图表进行区分，这样就可以得到图 3-67 所示的比较丰富的统计表格了。

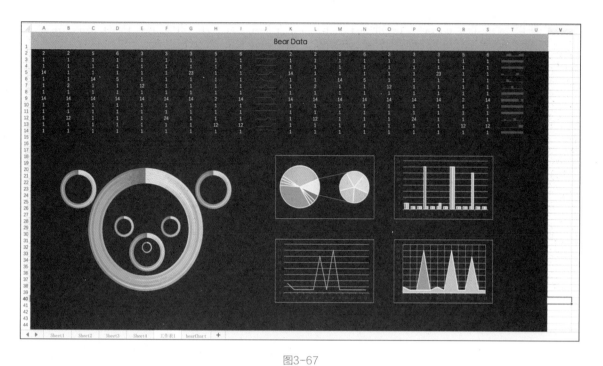

图3-67

图 3-68~ 图 3-71 所示的是一些使用统计表格制作图表的例子。

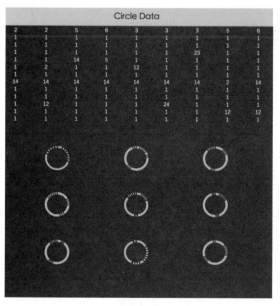

图3-68

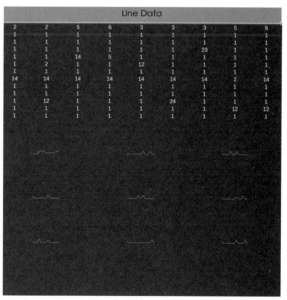

图3-69

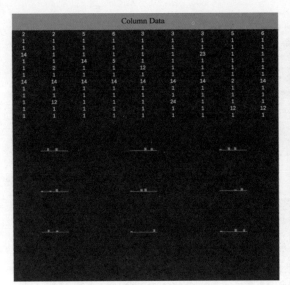

图3-70

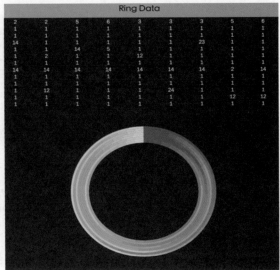

图3-71

4
CHAPTER

学习沉淀——库的积累

　　知识库、音乐库、电影库……当我们在学习、体验生活中的事物时，会积累出属于自己资源库，这些资源库是比较完整的知识体系，就像由一个个细胞逐渐生长、组合形成的组织一样，可以让我们随时回忆，随时调用。设计也是如此，在学习的过程中，将设计相关的内容进行整合与归类，形成一套自己的设计库，可以帮助我们更高效地完成工作。

4.1 制作一个小人库

在调研分析、设计草稿与交互图的过程中，人是一个很重要的角色，因为设计是围绕着人进行的，调研是为人定制的，设计的理念也大多是从人的角度出发的。如果设计的输出稿中带有一些人的元素，就会比较生动活泼。因此本节专门介绍怎样利用交互设计中的小人来进行设计，包括怎样快速地画一些小人，以及怎样将这些小人用到设计稿中，以使设计更加突出与生动。

在此可能会有一个疑问，"画一个人"到底是不是交互设计师要做的事情呢？这不应该是视觉设计师做的工作吗？其实在这个过程中，需要使用到的是交互设计的一种抽象与分析的能力，这种能力可以将很多复杂的工作简化。人的形象是很复杂的，有着不同的头发、不同的眼睛及不同的鼻子，但是交互设计师要做的是抽象出人最基本、最突出的特征，而且要思考怎样的抽象才能对工作有所帮助。例如，将一个小婴儿抽象为一个水滴和一个圆圈；如果是大一点的人，就给他加上四肢。

在做这件事情的过程中，不仅要画出不同的人，更重要的是厘清人与人在不同阶段的连接关系，这样才能更加高效、更加迅速地画出一个人。例如，成年人与老人的形态，只要分析一下就可以知道，他们一个是直立行走，一个是弓背行走。如果利用这个关系进行绘画，就可以很快地将一个成年人变成一个老人了，而不需要重新画一个人。这个简单抽象的能力就是交互设计师十分需要的能力。

那么，在设计稿中加上小人有什么好处呢？

（1）生动。加上小人之后，整个画面就有了生机和活力，比起不加小人的画面会更加有动感。

（2）便于表达。因为设计的产品中经常会涉及用户与产品互动的场景，比如用户看电视时用手操纵遥控器，或者用手势操纵屏幕，这些场景如果能够用真实的人在产品中进行表述，会给用户比较贴切、形象的表达，让用户了解产品真实的使用过程。近几年VR（虚拟现实技术）、AR（增强现实技术）等不断发展，而它们又有着区别于传统GUI（图形用户界面）的交互方式，所以展示这些产品时，将人更多地融入其中会更容易传达理念。

（3）引起共鸣。因为用户本来就是使用产品的人，所以如果图中有与他相似的物体存在，就很容易引起共鸣，让用户能感同身受地理解这个产品。

（4）统一感。如果能够用统一的线条、统一的风格构造一个自己的小人，就能在不同场景中使用了。

那么，小人可以用在什么样的设计场景中呢？

（1）用户流程图。用户流程图中包含了很多与人相关的场景，如果以时间维度来给用户流程图分类，它会包括从早上到晚上的不同行为及不同动作。从早上起床、晨跑，到搭乘地铁、上班，这时就需要一系列的小人图示来丰富整个用户流程图的内容。而且如果这里加上一些小人，也会使整个流程图更加生动有趣，如图 4-1 所示。

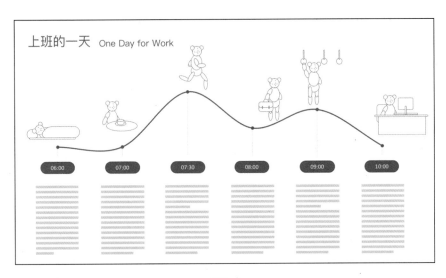

图4-1

（2）分析图表。因为分析图表中有时不仅会涉及不同年龄段的人，还会涉及不同年龄层，如一些用户调研、用户问卷调查等，这时就可以用不同年龄层的小人来代替，以丰富整个画面，如图 4-2 所示。

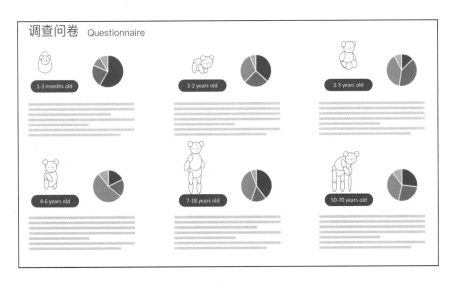

图4-2

（3）产品流程说明图。在设计产品之后需要表述产品的使用过程，这时就需要用户与产品进行互动的图示了。要设计不同的动作及不同的产品交互方式，以此来传达人与物体之间的交互形式，如图4-3所示。

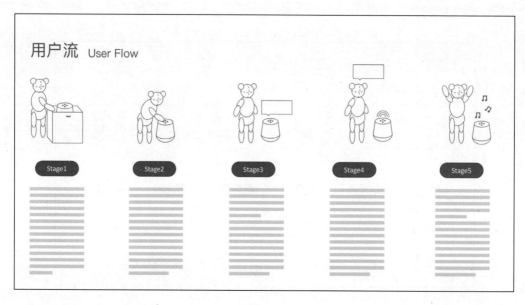

图4-3

（4）制作触摸、旋转、拉伸、挤压等手势。产品与人交互的过程很多时候也是与手指交互的过程，如果能够真实地将这些手势完全表达出来，那么对产品的表达也是有帮助的，如图4-4所示。

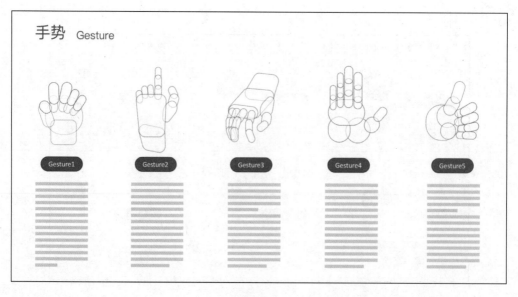

图4-4

（5）一些情感化的表达。在设计时，有时需要传达情感，这时如果有一些表情，如通过笑脸、哭脸或沮丧的脸来表达，就会显得比较有趣，如图 4-5 所示。

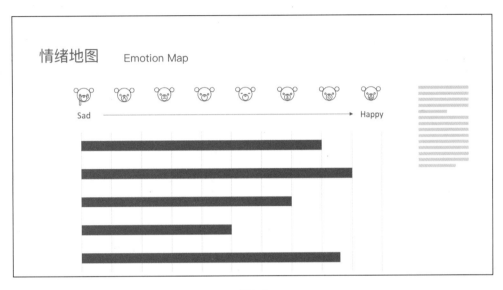

图4-5

综上所述，在设计中加入小人对产品有很大的帮助。那么如何画出一个小人，更重要的是如何快速画出具有各种表情和动作的小人，并让他们可以适应不同的场景呢？

总结后有以下几点。

第一，能够分清楚人的结构，可以画出一个完整的人。

第二，有不同的肢体动作。

第三，有不同的手势。

首先介绍第一点。虽然人的肢体看起来很复杂，但是抽象起来也只是几个圆圈而已，用几个圆圈叠加，就可以抽象出一个比较完整的人的形象了。如图 4-6 所示，只要调整不同的圆圈，就可以画出一个人了。

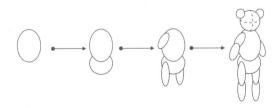

图4-6

其次关于第二点。怎样画出不同肢体动作的人呢？可以从人的出生开始画起。一个襁褓中婴儿的整体形状很简单，是一个水滴加一个圆圈的形状，如图 4-7 所示。

图4-7

长大一点后，就变成在地上爬行的形状。这个形状比襁褓中的婴儿多了 4 个圆圈，如图 4-8 所示。

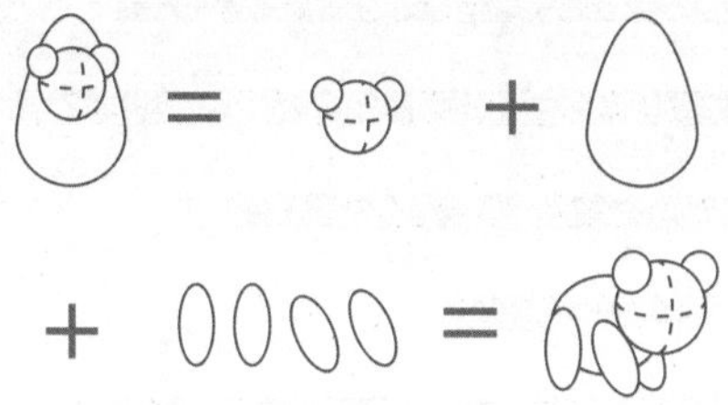

图4-8

直立行走时没有增加元素，只是将四肢的位置进行了一些调整，如图 4-9 所示。

图4-9

再长大一些，人的四肢就变长了，有了更长的手臂和更长的腿。

这时只要在原来的基础上，再加上一些手的关节，就变成一个成年人了，如图 4-10 所示。

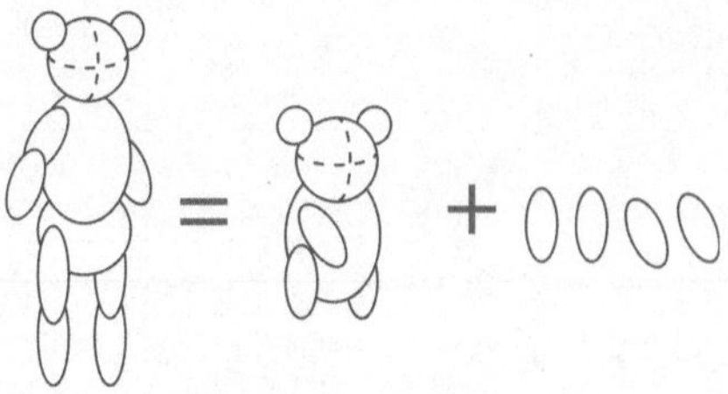

图4-10

在制作过程中有一个技巧，就是人在成长的不同阶段是有一定的延续性的。所以每画一个新的人的形状，其实都是在前图的基础上再去增加元素，这样就可以提高画图的速度。做交互设计也是如此，不管是画组件还是画模块，都要找到其内在的联系，这样画起来才可以更加高效。

　　最后介绍第三点，就是不同的手势。其实画手势的原理与画人体的原理差不多，都是由固定的关节、固定的部件组成的，如图 4-11 所示。所以如果掌握了其关键，就可以很快地画出一双生动的手，让它与产品进行交互。

图4-11

同时也可以用箭头辅助，示意手指运动的方向，如图 4-12 所示。

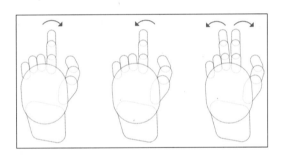

图4-12

　　另外，还有关于情感化的表达，就是用一些表情来增加这个画面的丰富性，可以试着给这些小人加上表情。后面还会讲怎样画设备，到时候设备就可以与人结合在一起，进行更丰富的设计表达。

　　如图 4-13 所示，如果要区分男女，可以从简单的特征进行区分，如领结与蝴蝶结。

图4-13

以下是本节内容的具体示例。

（1）基本型，如图4-14所示。

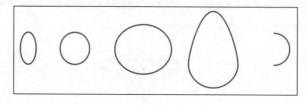

图4-14

（2）型与进化，如图4-15所示。

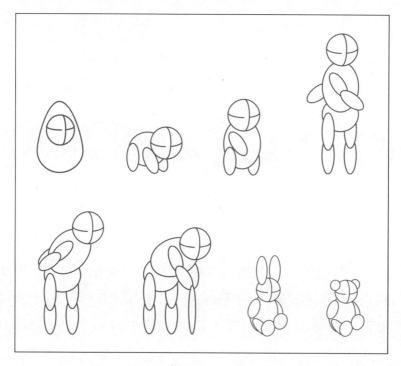

图4-15

4.2 制作一个设备库

　　交互设计中会涉及很多不同的线框图及原型图，自然也离不开运用的设备。如果设计的是移动端产品，最终会被用在手机设备中；如果设计的是网页端产品，就会在计算机中呈现。即使设计的是 VUI（虚拟用户界面）语音交互，没有具体的界面呈现，最后的产品也会与硬件载体关联。所以设备是交互设计中很重要的一部分，不同的项目会有不同的设备载体。目前，与手机相关的产品占据很大的市场，互联网上的很多分析及教程图也都以手机线框为载体，但也有可能遇到电视盒子、手表软件、头戴设备的设计，这时就需要用到不同的设备来设计了，如图 4-16 所示。

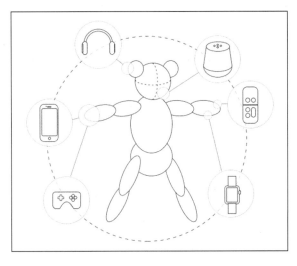

图4-16

那么，画这些设备有什么好处呢？主要是这些设备可以丰富自己的资源库，这样在做一些项目时，就可以用资源库的设备来进行绘画。另外，也可以用这些设备来表达一些场景，还可以用这些设备与用户进行交互。

那么设备都有哪些类型呢？总体来说，有以下几种类型。

第一种是便携类的设备，包括最常用的手机、平板、手提电脑、台式电脑。

第二种是家用的设备，如家里经常使用的音箱、电视、冰箱等。

第三种是车载设备，如汽车里面的显示屏、电视机等。

第四种是可穿戴的设备，如眼罩、耳机、手表等。

最后还有一些传统的设备，如鼠标与键盘。虽然现在已经是智能时代了，但用户与这些传统设备已经有了很强的联系，形成了使用的习惯，所以在以后的很长一段时间里，传统设备还是会存在的。

这么多的设备，怎样一次性把它们全画出来呢？这就要靠分析与抽象的能力。交互设计师不能只做交互的工作，也要靠自己的能力去抽象一些共性的东西，这样才能提高自己的工作效率。虽然互联网上已经有了很多设计的图标库、设备库等，但是自己抽象出来的东西才能完全满足自己的需求。当然，也可以从互联网上下载一些现有的资源，但自己画出来的总是更加灵活、更加丰富。例如，可以自定义颜色，也可以修改这些设备的大小、宽窄，还可以把这些设备制作成自适应的形式，这些都是互联网资源所没有办法提供的，所以还是应该积累一个自己的设备库。

那么，到底怎样才能快速地画出设备呢？这同样需要一些抽象的能力。

首先来介绍这些设备的特征。特征可以分为两种，一种是品牌特征，另一种是形状特征。

属于品牌特征的有哪些呢？例如，谷歌公司的产品都用了 4 种颜色，即红、黄、绿、蓝，这些颜色被运用到了网页、app 甚至智能音箱上，这就是它的品牌特征。如果抓住这些品牌特征去绘画，就会比较方便和快速了。

那么形状特征是什么呢？可以将一个物品抽象为另一个物品。例如，鼠标的整体形状是圆形的，蓝牙音箱也是圆形的，如图 4-17 所示。

图4-17

再看眼罩，它是一个不规则的形状，它的中间凹下去一点。类比一下这个形状和以前使用的传统电视游戏机的遥控柄的形状，它们的形状有一点相似，如图 4-18 所示。

图4-18

还有一个就是方形的特征，很多东西的基本形状都是方形的，如键盘、冰箱等，如图 4-19 所示。

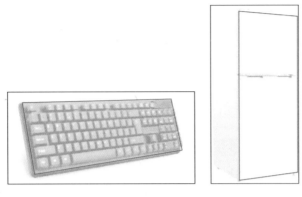

图4-19

总之，设备的形状特征有 3 种：圆形的、不规则形的和方形的。

那么，具体采用什么方法来绘画呢?

（1）自适应法。以苹果公司的设备为例，其实只要一个手机就可以了，只要对其随意拉伸，一秒钟变 iPad，一秒钟又变成了电视，如图 4-20 所示。

图4-20

（2）拆部件法。拆部件法就是了解设备不同的功能，再把它拆开。那么部件都有什么样的特征呢?

① 带子。很多设备都有带子，如手表、眼罩、耳机，这些带子的功能就是方便用户佩戴。所以便携式的设备很多都有带子的特征，如图 4-21 和图 4-22 所示。

图4-21

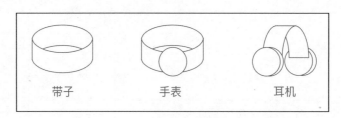

图4-22

② 按钮。设备会有不同的按钮，总体来看，基本的形态有3种：圆形的、方形的、十字架形的。通过这些基本的图形，又可以组合成不同的界面及不同的按钮形状，如图 4-23 和图 4-24 所示。

图4-23

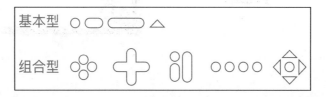

图4-24

③ 屏幕。屏幕是设备里重要而又古老的元素，因为它是信息展示的载体，所以形状上不会特别新奇，一般以圆形和方形为主，也有一些不规则的形状，如 VR 眼镜等。屏幕上最好也加一些信息，如温度、日期等，使屏幕的显示更加直观，如图 4-25 和图 4-26 所示。

图4-25

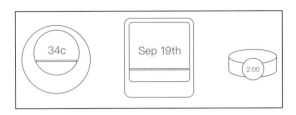

图4-26

　　在总结设备的过程中，一方面可以积累更多的资源库，另一方面方便理解和分析与我们生活有交互的一些物体，以便在设计时，可以根据它们的特征来进行设计。不管是硬件特征还是软件特征，都是需要了解的，因为以后的项目可能会变成一些智能家居项目，又或者会被调到车载设备组工作，设计一些车载的交互界面。所以要尽可能地把能画的都画好，能总结的都总结好，这也是对设计师技能的一个提升。

　　以下是常见设备外形的具体图例，如图 4-27~ 图 4-30 所示。

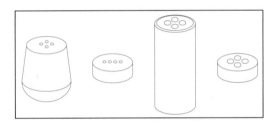

图4-27

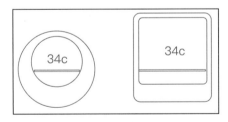

图4-28

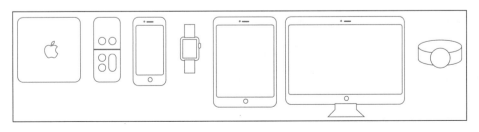

图4-29

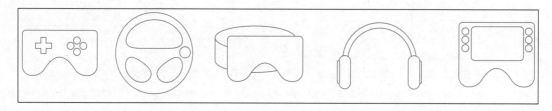

图4-30

以下是常见设备屏幕的具体图例，如图 4-31~ 图 4-33 所示。

图4-31

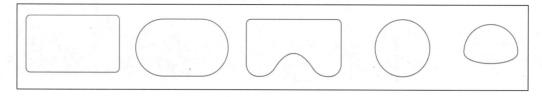

图4-32

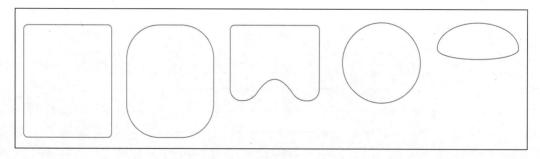

图4-33

以下是常见设备按钮的具体图例，如图 4-34 和图 4-35 所示。

图4-34

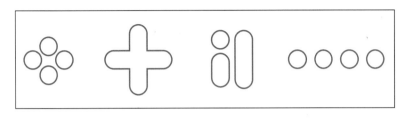

图4-35

以下是常见设备带子的具体图例，如图 4-36 所示。

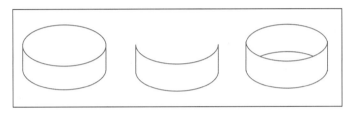

图4-36

以下是常见设备主体部分的具体图例，如图 4-37 所示。

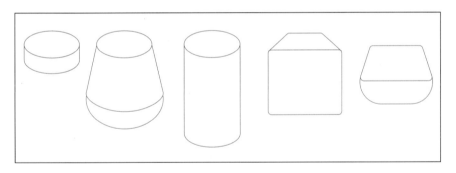

图4-37

以下是常见部件组合的具体图例。

带子如图 4-38 和图 4-39 所示，按钮如图 4-40 和图 4-41 所示，设备如图 4-42 和图 4-43 所示。

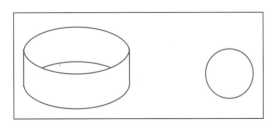

图4-38

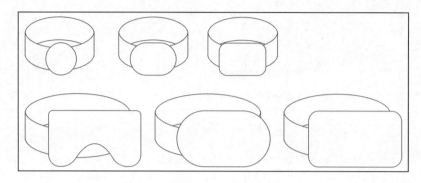

图4-39

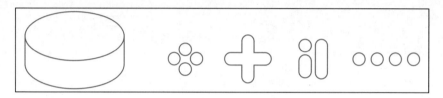

图4-40

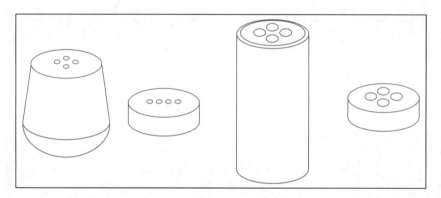

图4-41

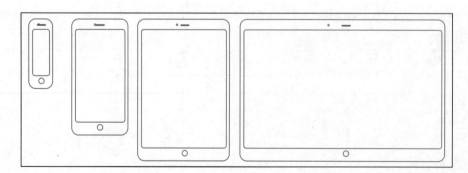

图4-42

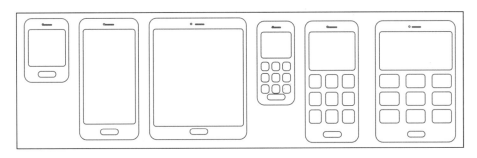

图4-43

4.3　制作一个组件库

组件库的积累是对交互设计效率的一个重要提升，可以使用一个组件向周边扩散，积累出不同的组件。在积累的过程中，尝试寻找其中的规律，这样在不同的项目中才可以更快速地积累一个组件库。图 4-44 展示了一些规律性的基本组件排列，接下来可以利用这些基本组件变换出更为复杂的库。

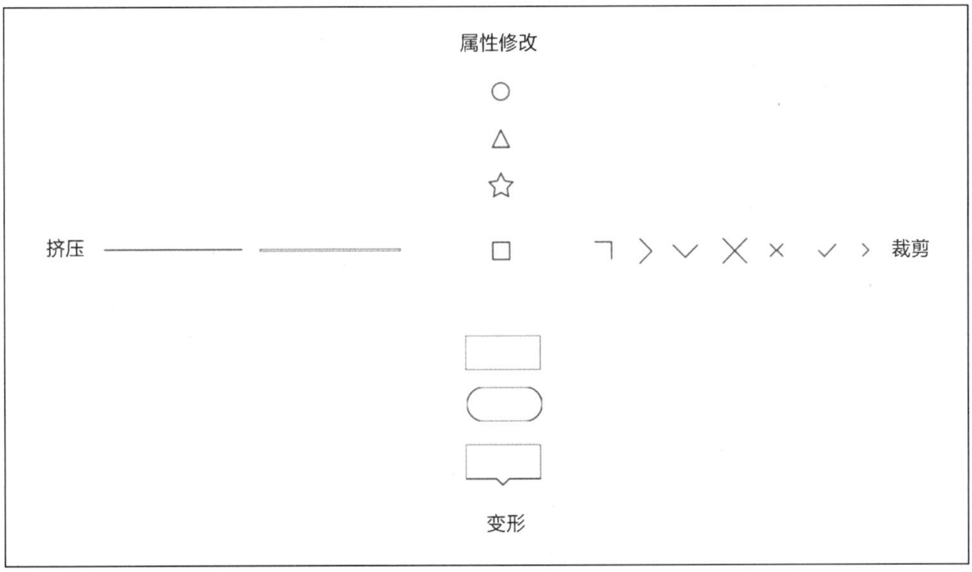

属性修改

挤压　　　　　　　　　　　　□　　┐ 〉 ∨ ✕ × ✓ 〉 裁剪

变形

图4-44

1. 组合

通过进行各种组合，可以将组件库进行更加深入的扩展，如图 4-45 所示。

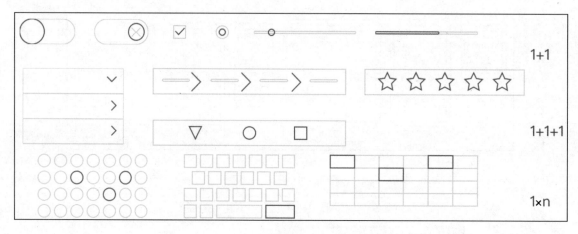

图4-45

2. 整理

除了描绘出这些组件外，还需要进行整理，因为如果组件的数量很多，整理后可以方便管理。就如同整理衣柜一样，需要将不同的衣服按照季节、类型等进行分类。图 4-46 便是将衣柜里的衣物按照类型、风格和季节进行了不同程度的整理。

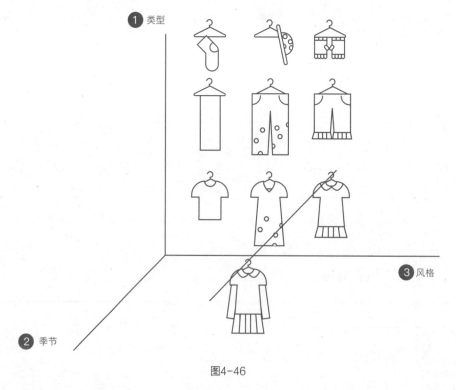

图4-46

根据不同交互设计师的性格特征，他们整理的方式和喜好可能也有所不同，所以整理的方式不是固定的，可以按照需求和目的进行整理。设想一下，如果衣柜的主人喜欢时尚型，那么她会将衣服按照风格来进行整理，这时，衣柜的风格就会优先于类型和季节排列。如果衣柜的主人喜欢实用型，或者是新潮的混搭型，那么她所选择的主要分类维度就又会不一样，如图 4-47 所示。

图4-47

也可以按照一些基本的维度进行分类。图 4-48 所示的是将这些组件按照交互的复杂度及尺寸的大小进行归类。当然，这不是唯一的归类，也有其他的归类方法，但总的目的是希望在运用时可以更加方便。

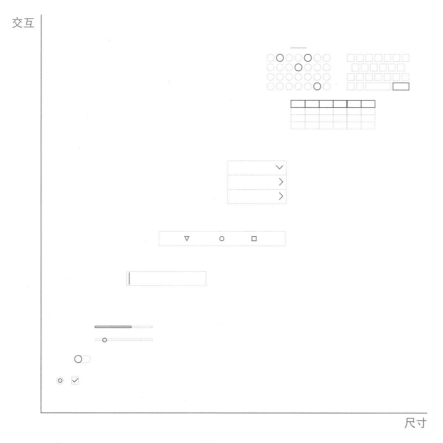

图4-48

4.4 库的积累

　　总之，设计师在整个设计过程中，以及在整个设计生涯中都需要不断地积累经验，而且不仅要积累专业领域的知识，还要积累其他领域的知识，比如积累一些音乐库，因为音乐库可以增加动效Demo 的音效。另外，前面谈到的手势制作，也需要积累一些人类肢体的结构。如果要进行调研，就需要积累一些调研的网站和机构，还有一些顶尖公司的博客文章，这样才能在开展调研的过程中快速找到有效且高质量的资料。图 4-49 所示的抽象图以不同的维度总结了一些平时需要积累的库，如手势库、肢体库、规范库等，这些都会在后面的章节讲述。

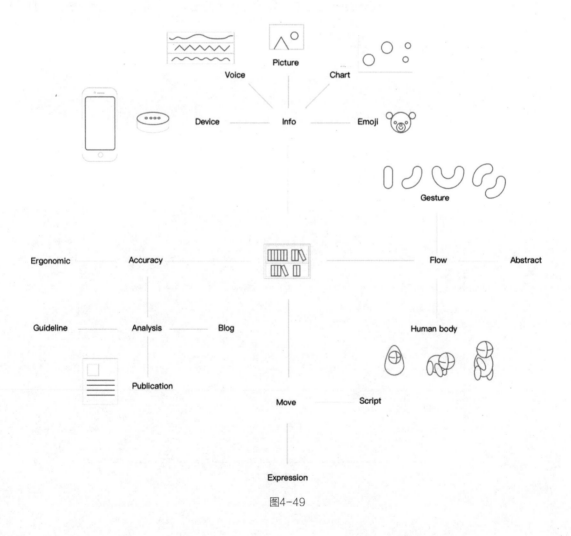

图4-49

4.5　制作轻量组件库

要建立一个组件库，如果有太多的组件就会十分冗余，所以要识别不同组件之间的共同特征，从而制作一个最轻量的组件库。

通过从工作及项目中得到的经验，我积累了一些制作轻量组件库的方法。这个轻量的组件库不是由一个个的组件构成的，而是有着共同的模式。

这个组件库里面需要包含 3 个最基本的元素：颜色、线和文字，如图 4-50 所示。

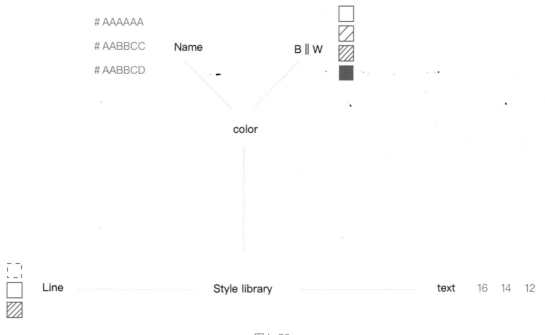

图4-50

1. 颜色的积累

在颜色的积累方面，可以将颜色分为 3 种，第一种是灰度的颜色，第二种是主色，第三种是辅助颜色。另外，需要注意颜色的命名，命名需要遵循一定的规律，才能给整个系统一个比较规范的感觉。如图 4-51 所示，颜色一般都是按照整齐的规律来命名的，尽量遵循 #AAAAAA，#AABBBB，#AABBCC，#ABABAB 这样的模板来命名，这样在使用颜色时就比较容易记住，能传递比较严谨的感觉，也防止用偏颜色。

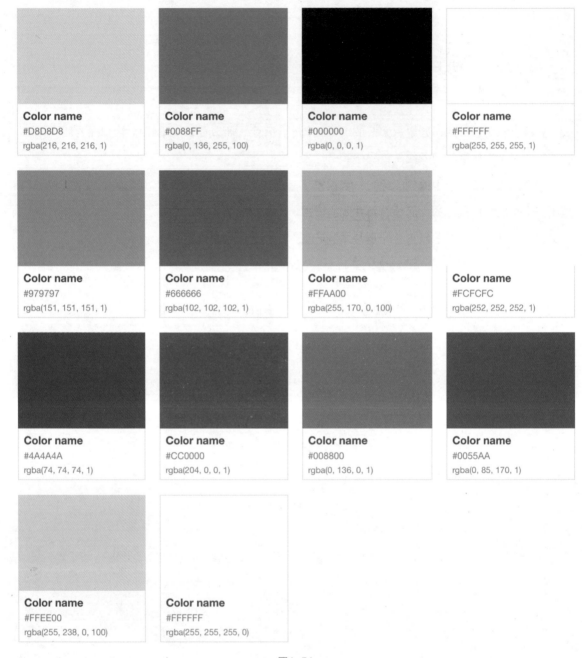

图4-51

2. 字体

在字体的使用方面，要尽量统一，使用一种字体即可，如图 4-52 所示。

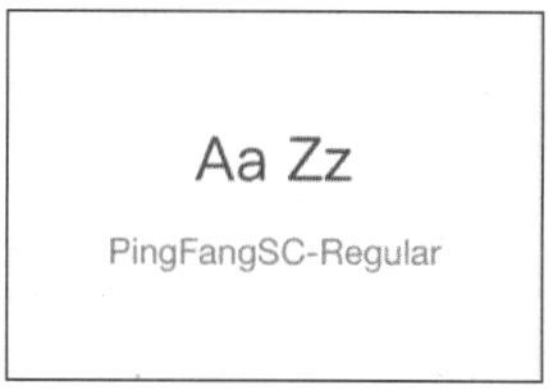
Aa Zz
PingFangSC-Regular

图4-52

3. 文字

文字的大小也是有规律的，我一般会定义 16、14、12 作为 3 种基本的文字大小，同时给予黑白两种颜色，因为有时需要根据背景颜色的深浅进行调整，如图 4-53 所示。

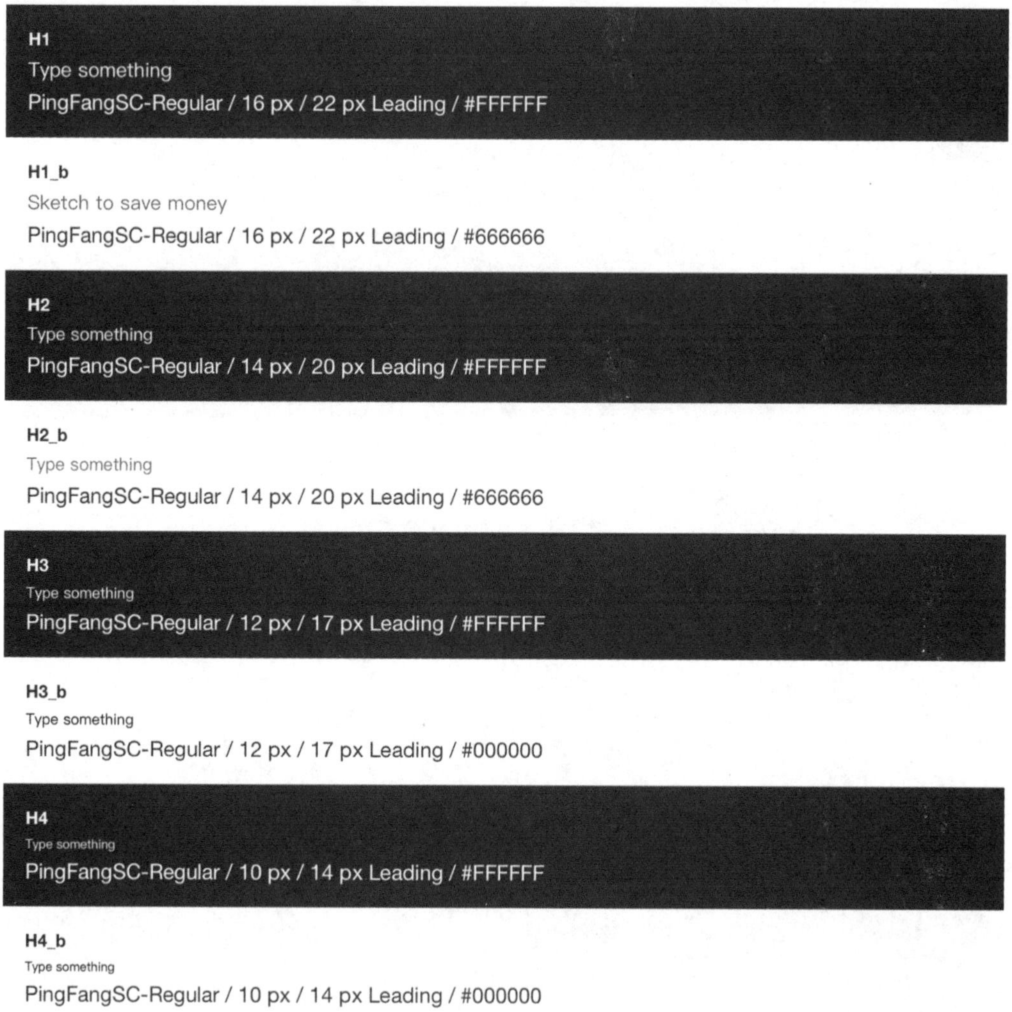
H1
Type something
PingFangSC-Regular / 16 px / 22 px Leading / #FFFFFF
H1_b
Sketch to save money
PingFangSC-Regular / 16 px / 22 px Leading / #666666
H2
Type something
PingFangSC-Regular / 14 px / 20 px Leading / #FFFFFF
H2_b
Type something
PingFangSC-Regular / 14 px / 20 px Leading / #666666
H3
Type something
PingFangSC-Regular / 12 px / 17 px Leading / #FFFFFF
H3_b
Type something
PingFangSC-Regular / 12 px / 17 px Leading / #000000
H4
Type something
PingFangSC-Regular / 10 px / 14 px Leading / #FFFFFF
H4_b
Type something
PingFangSC-Regular / 10 px / 14 px Leading / #000000

图4-53

5
CHAPTER

体系融合——
设计细节整理

无细节，非交互。
在设计功能逐渐趋向于同质化的今天，即使是一个小小的动效也要仔细考虑，因为也许这就是使产品变得与众不同的地方。

好的交互，必定是经过深思熟虑的，而这种深思熟虑就是通过设计中的细节体现出来的。因此，仔细研究交互的细节，能够提升设计的高度。

同时，交互的细节是多样的，有时很难判断哪些点应该重点考虑。因此，本章将设计的细节点按照 4 个基本维度进行了整理，分别是信息、使用流、精确和动效。

1. 信息（Info）

信息代表了页面传达出来的信息布局与层级。

2. 使用流（Flow）

使用流代表了使用过程中的一些跳转与切换模式。

3. 精确（Accuracy）

精确是指细节上的锚铢必较。例如，英文的日期写法有多少种形式，中文的日期写法又有多少种形式，登录到底是 Login 还是 Login in，等等。

4. 动效（Move）

动效主要强调页面中的一些元素的趣味性、情感性与灵活性。例如，一个加上了表情的开关按钮，比不加表情的开关按钮要有趣得多。

交互细节的四象限分类如图 5-1 所示。

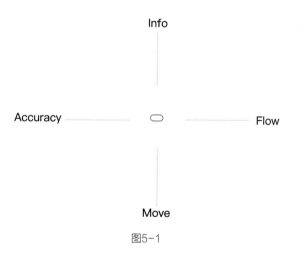

图5-1

5.1　开关按钮

相较于生活中的开关而言，开关按钮的设计虽然看上去很简单，但是有很多需要注意的细节。

开关按钮与交互设计的联系如图 5-2 所示。

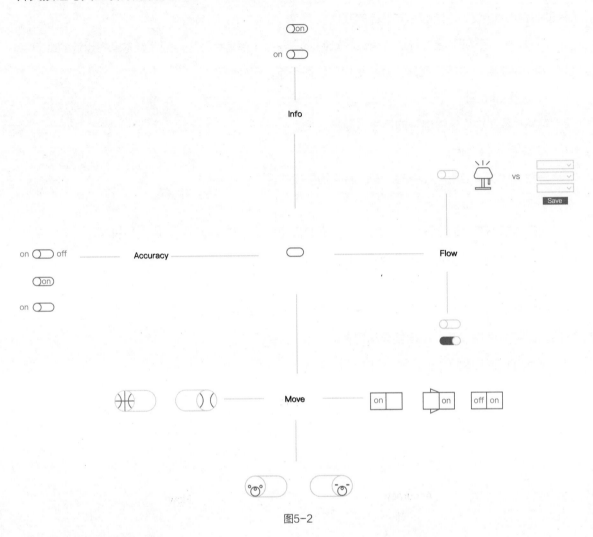

图5-2

1. 文字应该怎样排放

开关的文字代表开关的状态，这些文字应该放在什么地方，其实是有讲究的。如果它是一个有方向性的动作，那么开关左边和右边都应该放上文字，这样就可以提示用户哪边是开，哪边是关。有些文字是直接放在开关里面的，这些文字随着开关的状态进行变化，这也是一种交互方式。但是如果开关没有明确的指向性，只有一种文字，而且又被单独放在开关的某一边，这样对用户的提示就不太明显了，如图 5-3 所示。

图5-3

那么应该怎么选择开关的文字呢？这需要结合使用场景进行考虑。图 5-4 所示的 Excel 中使用了开关作为自动保存的提示按钮，不仅有一个开关外形，还包含了"on"与"off"文字。而Google 翻译的开关按钮在弹出提示的时候出现，提示用户是否需要打开某个功能，如图5-5 所示。一个增加了文字显示，另一个却没有，这是为什么呢？可以尝试分析一下，Excel 是一个工具型软件，自动保存的功能对于文档的编辑是一个重要的功能，所以用文字继续增强信息的传递是合理的。而 Google 翻译中，提示的功能只是一个临时的建议功能，所以做得轻量一点，避免信息冗余，也是合理的。

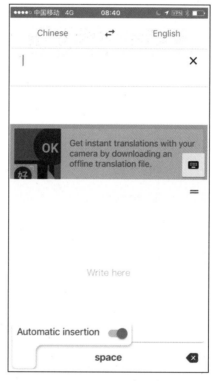

图5-4　　　　　　　　　　　　　　　图5-5

2. 开关的状态

在考虑开关的状态时，应该跟其他的输入控件放在一起进行比较。例如，多选框也代表输入的状态，它代表的是选中还是取消的状态。但多选框与开关按钮有一点不一样，开关按钮代表即时的状态，例如，打开开关时，会希望灯马上亮起；但多选按钮不代表立刻生效的状态，仅代表一种选择，所以在表单中有时还需要一个代表保存的按钮，才能够保存这个状态。但是如果开关按钮下面再加上一个保存的按钮，就会显得比较多余和重复，如图 5-6 所示。

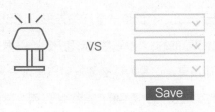

图5-6

从图 5-7 所示的批量选择页中可以看到，批量多选时，屏幕上方需要有对应的操作按钮。而图 5-8 的设置页面则没有其他多余的操作，代表开关打开就可以马上生效。

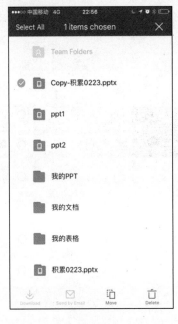

图5-7

图5-8

3. 开关的扩展与应用

开关不一定就是左右移动的按钮形式，作为一个功能，也代表着状态的开启与关闭。因此，很多情况下开关不仅是在设置中使用，也可以被应用到其他的场景中。例如，图 5-9 中的淘宝开关数字卡片中就提供了隐藏与显示关键隐私信息的功能。另外，亲问 APP 提供了已阅的功能，这个功能看起来是纯文字，但是"已阅"的状态可以开启或关闭。因此，也可以说是另外一种形式的开关，如图 5-10 所示。开关有时也可以用到视频中，成为弹幕打开或关闭的开关。图 5-11 所示的腾讯视频中的弹幕开关就比较巧妙地与弹幕的样式相结合，使界面整体上更加和谐。因此，开关的设计并不是一成不变的，也可以根据场景进行适当的变化。

图5-9

图5-10

图5-11

4. 视觉的反馈

设计开关时应该随时给用户一个视觉的反馈，告诉用户所使用的操作是否已经生效。这个细节也涉及动效的变化，如果想将开关设计得更加丰富，那么就应该包含不同的状态、转折，以及有趣的动效。本节总结了一系列动效，接下来就来看与开关有关的一些有趣的动效。

（1）情感化。开关代表一种状态，所以它的圆形按钮可以与表情联系起来，打开时是笑脸，关闭时是哭脸，这样会使整个开关的体验更加有趣，如图5-12所示。

图5-12

（2）时间。这与开关本身代表的业务含义有关，如这个开关代表上午和下午，就可以把开关做成太阳和月亮的形式，如图5-13所示。

图5-13

（3）对错。如果开关本身是跟判断条件相关的，那么对与错也可以作为比较流畅的转折，如图5-14所示。

图5-14

（4）其他畅想。图 5-15 是一张分类的图表，其中包含了一个开关按钮的分类。

它还可以是什么？

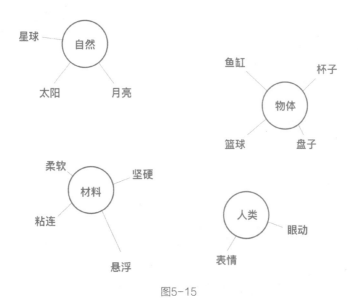

图5-15

如果想将开关生活化，那么有哪些现实生活中的类比呢？

（1）与性别相关的转换。男士戴领带，女士戴蝴蝶结，那么转换时，蝴蝶结就会相应地发生位置的变化，这个变化设计得就很巧妙。

（2）一日之计在于晨。从一杯咖啡开始，打开一天的开关。咖啡杯在碟子上左右移动，也可以是开关的一种形式。

（3）飞机场的飞机起飞和降落，也隐喻了一个"开"与"关"的过程。一架飞机从左到右移动，飞机从跑道上起飞，也是开关的一种比较微小的设计。

（4）开锁和关锁。开关不一定要用文字来表示，如果开关是表示开锁和关锁的状态，那么可以使用钥匙或者锁的图标来表示。

这种形式比较有趣，但缺点是不便于扩展，如果用文字，那么改一下文字就可以在其他场景中使用这个开关。因此，大部分 APP 中还是使用传统的开关形式，如图 5-16~ 图 5-18 所示为在各种场景下使用的开关。

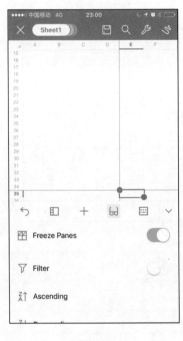

图5-16

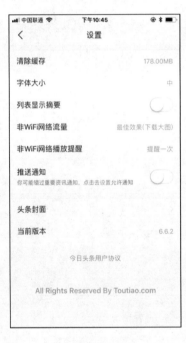

图5-17

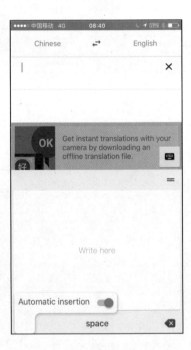

图5-18

（5）一个现实中的比拟就是煎蛋。在锅里翻动鸡蛋，这样鸡蛋就会发生左右移动，也可以构成开关。

设计是没有终点的，需要不断探索。图 5-19 所示的是开关的基本元素，图 5-20 所示的是各种类型的开关。

图5-19

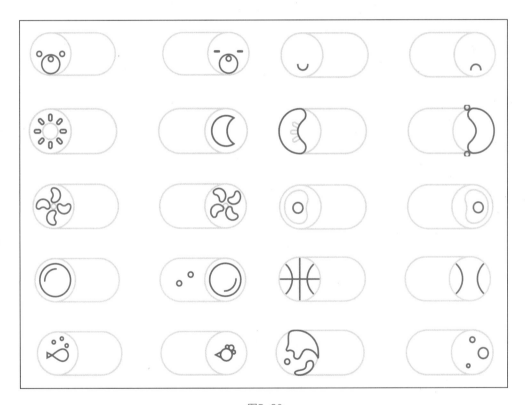

图5-20

5.2　日期选择器

图 5-21 所示的日期选择器在设计中是经常出现的。比起传统的单选按钮、多选按钮，日期的

选择形式在交互设计中多种多样。例如，订酒店的日期选择与日历中的日期选择就不同。订酒店的时候，用户更希望了解未来的信息，而且一般会以"天"为单位订酒店。浏览日历的时候，用户可能只是想查某些日子发生的事情，时间跨度可能是年、月、日。因此，它们在设计时的表现形式是有差别的。

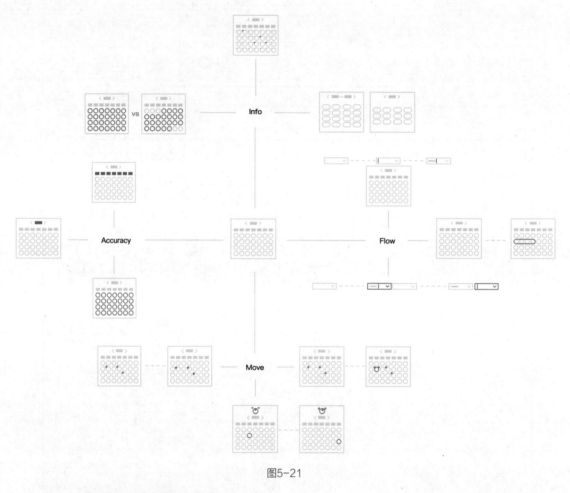

图5-21

设计一个日期选择器有哪些要注意的点呢？

1. 时间跨度的选择

如图 5-22 所示，日期选择器经常作为一个 UI 控件被放在组件库中使用，但实际上根据场景的不同，日期选择器的使用会有很多种不同的方式。从图 5-23 和图 5-24 中可以看到，两种选择器都包含了日期选择的功能，但根据具体业务形式的不同，日期的选择也有不同的复杂度。图 5-23 偏向于对用户进行一周的饮食提醒，所以选择的时间范围在一周以内。而图 5-24 则是关于订酒店的业务，用户可能需要进行未来一个月甚至几个月的选择，所以要将日期全量展示。

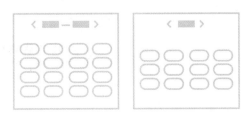

图5-22

图5-23

图5-24

2. 单点输入与范围输入

如图 5-25 所示，是希望用户选择一个日期还是选择一个日期的范围呢？这与实际的业务有关系。从图 5-26 和图 5-27 中可以看到，一个是预订单程机票的场景，另一个是预订入住酒店的场景。图 5-26 中的日期选择方式十分直接：单击日期选择框→进入日期选择器→选择一个日期→（确认）→返回界面。

那么图 5-27 是否可以和图 5-26 使用同一个交互流程呢？答案是可以，只是上述的流程要进行两遍。

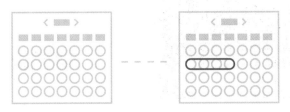

图5-25

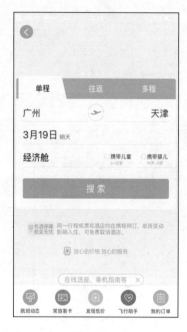

图5-26   图5-27

　　用户需要重复进行同一个操作，就会降低使用的效率。因此，如果能够一次性完成，就尽量让用户在界面上快速选择他们想要的日期。图5-28和图5-29就使用了范围选择帮助用户一次性选择住店的日期。

图5-28   图5-29

3. 默认值

是否要给日期选择器赋予默认的值，这个默认值是什么？是否能确保这个默认的值就是用户最需要的值？

如图 5-30 所示，在刚进入界面时，日期选择器的节假日位置会进行闪动，过一段时间才会消失，如图 5-31 所示。这个原因不言而喻，就是猜测用户意图，预估用户希望预订节假日的酒店。

图5-30

图5-31

4. 时间维度的选择

时间维度的选择在本节开头也提到过。日期选择器以什么样的时间维度展示呢？是年、是周，还是天。根据不同的时间跨度，设计的样式也要有所不同。

关于时间展示的维度选择，还有一些比较细致的问题。例如，日期选择器如果是以周为时间维度，那么它展现的每周的开始是星期一还是星期天呢，这个其实也没有定论，只能说大部分与旅游、预订相关的应用（见图 5-32）都会优先选择以周日为一周的开始，而日程类应用（见图 5-33）则倾向于选择按照周一至周日为跨度展示日期，这样看起来更加有秩序感，也便于用户查看与分类。

图5-32   图5-33

5. 用户意图与输入

用户在输入日期时，他的意图到底是明确还是不明确呢？假如用户只是想比较不同日期的差别，那么这样的设计跟滑动条的设计是有异曲同工之处的，用户可以左右调整不同的日期。例如，用户选机票时，可以选择今天的机票，也可以看一下明天和后几天的机票，以此来比较不同时间机票的价钱。

如果用户有明确的意图，该怎么办呢？如果有明确意图，最好给他输入的空间，这跟滑动条的设计道理相同，可以给用户一个文本框填写他们所需要的数字，如图 5-34 所示。

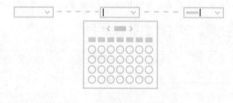

图5-34

但需要注意的一点是，日期的输入相对于普通文本的输入较为复杂，因为它有年、月、日 3 个值，如果格式不正确，后台可能就无法识别，这会大大降低用户体验。所以不仅要提供输入框，还要保证输入框可以容错，或是可以让用户快速地输入他们想要的数字。这时理解用户的行为就很重要，例如，用户平时喜欢用什么样的分隔符，输入日期时喜欢用什么样的方式，等等。这都关系到输入日期时的流畅性。否则用户很可能在输入后得到错误的结果，系统甚至不能识别用户输入的年、月、日，这样会给用户造成很大的干扰。有的系统会将用户的输入日期容错地集合，例如，自动帮助用户进行年、月、日的分隔，并智能地呈现用户想要的结果，而不是提示用户某个文本框填写的格式有误，让用户重新填写一次。

6. 日期选择器的出现节点

由于输入模式的不同，日期选择器会有不同的出现节点。

（1）定焦文本框输入时。日期的选择框应该在什么时候弹出？是输入中还是输入后？用户是否知道有这个选择？这都是需要权衡的问题。

（2）输入完成后。假如这个框是要用户选择一个日期的范围，那么手动输入完成之后，是否可以让用户继续进行下一个操作呢？有些设计是在用户填写完这个框之后，自动定焦跳到下一个框的选择，这样就保证了使用的流畅性。但这又涉及代码的判断问题，例如，怎样判断用户在第一个框输入时只是停顿了一下，其实还没填完信息，如果这时自动跳转肯定会对用户造成干扰。

7. 其他设计点

（1）黄金预定时间。对于旅游预订类产品，周六、周日是黄金时间，可以适当强调。例如，有的机票预订网站会画一条竖线将周六、周日分隔，以便更清晰地展现给用户。前文提到的日历有很多从周日开始，如图 5-35 所示，其实从商业角度来看，周日在头，周六在尾，可能并不是最优的信息展示方式。如果周六和周日能连在一起，是否会有更好的选择效果呢？

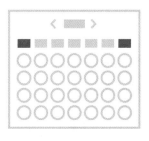

图5-35

（2）迷你跳转机制。简单来说，就像是页签的切换。如图 5-36 所示，提供左右两个按钮，让用户可以向前一天或后一天切换，也可以向前一年或后一年切换，这样对于用户来说，可以比较不同时间的选择和结果。如图 5-37 所示的赛程日历，就可以切换不同的月份来查看不同的赛程。

图5-36   图5-37

（3）前馈。在设计日期选择器时，会希望用户的选择总是有结果的，因为有些日期可能会对应为空的结果，所以有些日期的选择器上会给予提示。例如，某个日期的上方会有一个红点，如图 5-38 所示，或是用户将鼠标指针悬浮到日期上方时会出现提示，提示这里没有结果。这些对用户来说都是比较好的提示，这样用户就可以直接选择有结果的日期了。

图5-38

（4）定位与返回。钉钉着重于日程与时间安排（见图 5-39），可以看到 3 月旁边有一个"今"字，这其实是一个隐含的按钮，单击就可以随时定位到今天的日程。而携程（见图 5-40）则有常驻的底部页签，用户可以随时定位到某个节日。

图5-39

图5-40

（5）变形。日期选择器也有不同的变形方式，不一定就是日历的形式，还可以是其他的交互模式。其实不同的组件都是为了完成某一项任务而存在的，不一定都是传统的方式。例如，在语音交互的领域，这些组件甚至可能是无形的。随着用户行为的变化，以及科技和设计理念的创新，这些组件的设计模式也会随之发生变化，甚至会与其他的组件相互融合。例如，日期选择器可能会跟滑动条融合，如图 5-41 所示，因为它们都代表选择，也代表比较。这些组件的形式还可以是一段话、一封邮件，也可以是一张表格，等等。

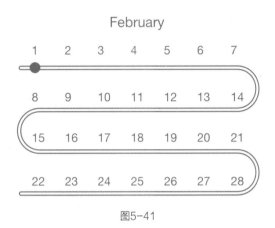

图5-41

5.3　滑动条[①]

图 5-42 所示的是滑动条组件库，与滑动条设计相关的一个原则称为驾驶原则。有趣的是，这个原则将用户移动滑动条的距离跟汽车驶过隧道的时间做对比，汽车驶过隧道所用的时间越长，所花费的精力也就越大。同理，滑动条不能太长，也不能太短，如果太短则达不到效果，如果太长则滑动的距离就会过长。

[①] 想了解更多关于滑动条的知识，可以访问 https://www.smashingmagazine.com/2017/07/designing-perfect-slider/，或者 https://baymard.com/blog/slider-interfaces。

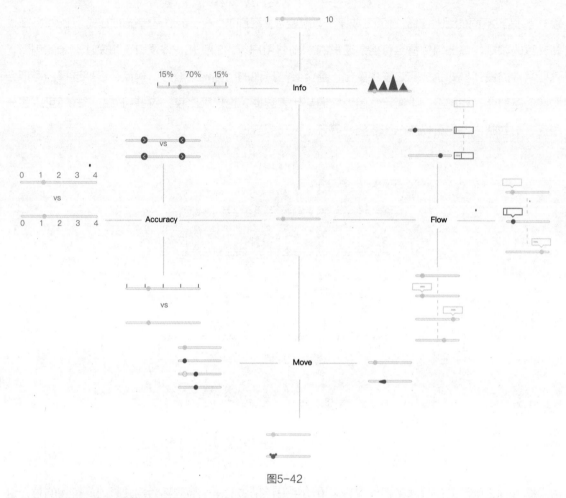

图5-42

1. 什么时候会用到滑动条

在需要设置大概范围的时候，一般会使用滑动条。例如，调整音量的按钮，在调整音量时需要跟调整前后的音量大小做对比，所以就需要使用滑动条，因为它相当于一种探索。滑动条也有很多种形式，例如，图5-43所示的Google art and culture 应用就是谷歌的一个与博物馆艺术品相关的设计，它使用了颜色作为一种探索。

图5-43

2. 滑动条的使用有什么优点

假如要输入 3 个数字，使用传统的文本框输入方式需要输入 3 次，同时手指移动的距离也要调整 3 次。但如果使用滑动条来设计，只需要用手指快速地移动，就可以得到想要的结果了，这样就缩短了使用的路径，如图 5-44 所示。

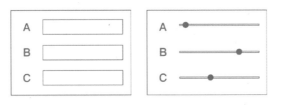

图5-44

3. 滑动条设计的注意事项

（1）减少用户的滑动成本：预设值与输入区域。为了让用户在使用滑动条时更加方便，一般会将滑动条设计在用户最常选择的区域，这样用户就可以很快地选择到所需要的内容，而不是滑动到很远的地方才能选择到。

除了将预设值提供给用户外，还可以通过增加输入区域来减少用户的活动成本。这样不仅可以让用户进行滑动，还可以让其手动输入所需的数字。此时需要考虑的是怎样让用户知道这个滑动条是支持手动输入的，那么就需要增加一些元素，如输入框或铅笔形状的编辑按钮，如图 5-45 所示。

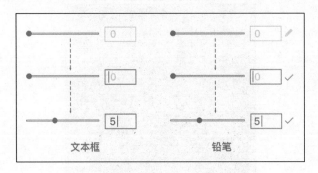

图5-45

（2）可编辑的滑动条。有时会将编辑的区域直接放在滑动条上，如图 5-46 所示。这样用户就可以快速看到可编辑的区域，并进行输入。但这时也要考虑之后滑动条会进行怎样的运作，假如输入了一个比较大的数字，它是否会突然跳转到另一个比较远的页面呢？这些跳转对用户来说是不是干扰呢？如果遇到这样的情况，那么直接将编辑区域显示在滑动条上方并不一定合适。

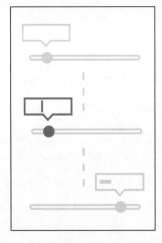

图5-46

（3）使用滑动条的不同状态。使用滑动条会有不同的状态，包括直接拖动或点击之后再进行拖动，如图 5-47 所示。如果将这些状态实时反馈给用户，会使整个滑动的过程变得可感知。例如，可直接拖动的滑动条在鼠标指针悬浮时会变大，或在用户点击滑动条时，滑动条会变颜色，这些交互形式都是对用户的一种提示。微信在用户点击滑动条时就出现了颜色的变化，用户还可以进行上下拖动，如图 5-48 所示的微信联系人页面。这里有一个细节，就是在拖动滑动条时，由于大拇指遮挡住了字母，因此左侧出现了更大的字母，这也是设计滑动条状态时需要考虑的一点。因为在网页上是使用鼠标操作的，但是在手机上，手指的操作会对信息有一定的遮挡。

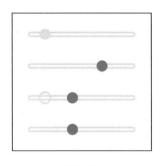

图5-47

（4）用户的认知。这一点跟用户测试中的原则比较类似，在用户测试中，如果有采访的调查问卷，会要求这些采访问卷中的喜欢至不喜欢是从左到右排列的，左边是数字最小的项目，右边是数字最大的项目，如图 5-49 所示。因为人们阅读的时候一般习惯从左到右进行阅读，那么左边自然就是最小的，往右边就开始逐渐增大，滑动条的设计也应该符合人们的认知。

图5-48

图5-49

（5）空间上的考虑。首先，滑动条上一般会有一些锚点的数字，这些锚点的数字相当于尺子上的刻度，也相当于给用户一个提示的定位，如图 5-50 所示。

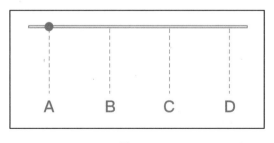

图5-50

其次，从编程的角度来看，因为滑动条的长短跟用户操作的行为有关，也影响用户使用的方便程度。所以有一些研究结果建议，滑动条的宽度至少是 65 像素，因为如果太小会影响用户的调整及比较，但如果滑动条太长，用起来又会比较费时间。

　　另外，滑动条可以跟视图的大小结合在一起考虑，在编程中有一种单位称为 1vw、1vh，它们分别代表 1/100 的视图宽度和高度。所以在编程时，如果用到这个单位，滑动条就可以随着视图的变化而进行变化，滑动条的宽度也会始终在视图合适的范围内展示，方便用户进行操作。尤其在自适应高度被使用的今天，一些元素并不总是能适配不同尺寸的屏幕，但是如果根据视图比例为组件设定适应的宽度，设计的元素就总是能根据视图大小而进行变化。

　　（6）与展示结果相匹配。比如，现在有一个可以自由滑动的滑动条，可以在不同的范围内进行调整，但是结果却不一定在每个范围都能显示出来，这就造成了在调整的时候，有时有结果出来，有时没有结果，这对用户来说可能是比较厌烦的。

　　用户既然调整了滑动条，就肯定希望能得到结果，所以可以考虑将结果提前告诉用户。也就是说，在用户调整的时候，就已经知道哪一个范围会有较多的结果，哪一个范围会没有结果，这时就可以将滑动条跟统计的图表结合起来使用。

　　如图 5-51 所示，将每个范围内的结果数据通过图表呈现给用户，让用户对结果的数量有一个直观的认识，这样用户在调整滑动条时就会有一个心理预期，知道调到哪里结果最多。

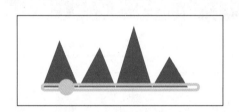

图5-51

　　另一种方法是按照数量来决定区间的大小。例如，在 1~100 元的范围内有 100 个结果，而在 100~200 元范围内只有一个结果，那么前者在图中占的面积就要比后者要大，这样用户选择起来会比较方便。

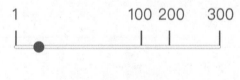

图5-52

　　图 5-53 所示的是一个航空 APP 使用滑动条调整机票价格区间的例子。绿色的图表部分代表相应价格区间的机票数量，这样用户就能够提前得知机票的数量信息，从而更有针对性地进行选择。

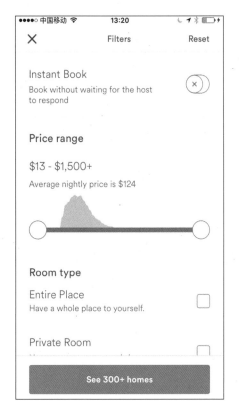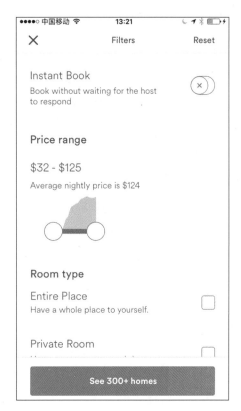

图5-53

还有一个应用场景是视频应用。在看视频的时候下方会有一个滑动条，对这个滑动条做一些改变，就可以显示每个视频的片段，甚至可以显示被点击次数，可以直接点击这些区域看一些精彩的片段，如图 5-54 所示的 YouTube 滑动条上的视频预览。

图5-54

（7）箭头的使用。箭头的使用在很多组件的设计中都是比较让人困惑的，如在树状目录或折叠控件中，箭头应该向左、向上，还是向右？其实没有一个统一的说法。所以在设计滑动条的时候，箭头的方向应该有一个统一的规则。例如，现在有一个双向调整的滑动条，它可以调整到最大值，也可以调整到最小值，这时箭头的方向应该指向这个滑动条的走向，相当于给用户一个提示的作用，如图5-55所示。

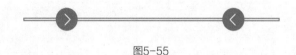

图5-55

滑动条作为一种让用户输入的组件，与其他的组件有很多共同之处，但有时也会使人产生混淆，所以平时要注意积累它们的不同用途。

例如，一个滑动条的结果在数据库中并不多，假设它只在4种情况下会有数据，那么在滑动条上可以定义4个不同的数字，告诉用户选择这4个数字之后会有结果。但仔细想想，仅提供给用户这4个选择，滑动条本身的意义就不大了，因为滑动条是需要用户微调，然后再出现微调之后的不同结果。如果数据不是很多，那么这时的滑动条就跟单选按钮差不多了，所以选择单选按钮比较合适。

很多组件的交互其实跟滑动条是相似的，如页签、轮播页面，以及浏览页面时从上往下滚动的滑动条，这些都与滑动条有着类似的交互方式，它们都代表了选择，都是协助用户进行定位。总之，综合不同的组件细节进行思考可能会有更多的发现。

5.4 页签①

图5-56所示的是页签组件库，页签在生活中也有很多的比拟，如文件夹、书签等，如图5-57所示。那么，一个页签的交互细节是怎样的呢？

---

① 想了解更多关于页签的知识，可以访问 https://www.smashingmagazine.com/2009/06/module-tabs-in-web-design-best-practices-and-solutions/，或者 https://blog.mobiscroll.com/tabs-in-mobile-apps/。

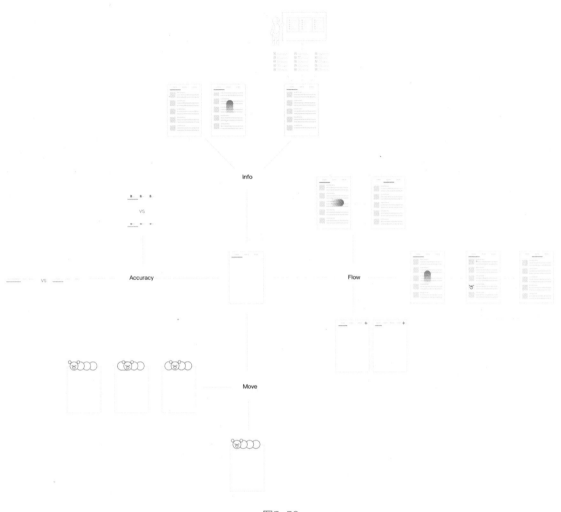

图5-56

Index card box

图5-57

一个经常使用到的场景是网页端的浏览器，使用浏览器时同时打开多个页签去浏览，这时定位和选择就显得尤为重要，如图 5-58 所示。另一个常见的场景是手机端的新闻资讯，阅读这些文章时需要对内容进行分类与筛选。

图5-58

页签的交互原则，既有最基本的原则，也有比较精细的原则，首先从最基本的原则说起。

1. 基本的原则

根据美国诺曼调研小组的研究报告，设计一个页签有 12 种不同的基本原则。

（1）页签要在同一个场景使用，如果这些页签的场景相差太大，那么它就偏向于导航，而不是页签了。

（2）要注意页签的分类逻辑。在安排各个页签内容的时候，最好先对内容进行一个系统的分类，如进行一些用户调研或是其他的调研，这样分类出来的内容才会比较容易被用户接受。

（3）当用户需要同时查看多个页签中的内容时，才使用页签。如果用户需要同时比较不同模块的内容，那么就需要在不同的页签之间来回跳转。

（4）内容必须是平行独立的，不需要用户经常在两个页签之间切换，如果遇到这样的场景，使用页签就不太合适。

（5）页签之间看上去要比较系统、统一。

（6）选中的页签要高亮显示，并且让用户能够识别。

（7）未选中的页签也要保持清晰，能够让用户看清。

（8）页签与内容最好连接在一起，这样才能体现页签与内容相关联的感觉。

（9）页签的文字应该尽量简短，因为页签的空间有限。如果使用英文，最好不要所有的英文都大写，因为大写的英文可读性比较差。

（10）页签最好只用一行展现，如果一行放不下，可以左右滑动，尽量避免出现两行页签的情况，因为这样在视觉上会显得比较冗余。

（11）将页签放到页面的上方，这样比较容易被发现。

（12）页签要一致地贯穿于整个应用。

将这些原则运用到实际的场景中，还有一些比较小的设计细节需要注意。例如，页签应该怎样自定义添加多个，页签在滑动时应该怎么展示，页签是自动排序还是手动排序，页签应该怎么展示才能更有效地利用空间，如果在两个页签之间进行切换，需要使用什么样的交互形式。下面结合一些实例与设计原则来介绍页签的使用场景。

2. 页签的一些实例

对应设计的原则，页签的设计有下面这些使用场景。

（1）空间利用最小化。Bitmoji 是一个设计表情的应用，由于门类很多，设计师将一个子分类隐藏在页签中，点击页签，子分类向两边展开，用户就可以继续进行二次选择，如图 5-59 所示。

图5-59

百度地图则是将选中的页签以文字的形式展示，以增加用户的理解度，如图 5-60 所示。

而在墨迹天气的页签中（见图 5-61）可以看到，"周"的信息在一般状态下是不显示的，选中页签后才出现。

图5-60

图5-61

虽然设计形式不同，但以上的实例都包含了空间利用最小化的概念。在设计中，需要权衡不同形式页签展示的利弊，使页签信息既能有效传递，又能保持简洁，如图 5-62 所示的从简到详的页签显示图。

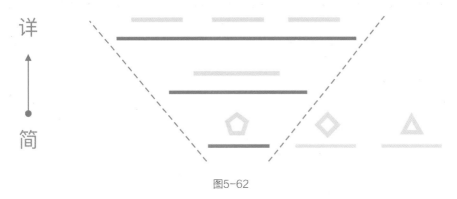

图5-62

（2）定位与二级。点击页签之后，用户会期待查看与整个页签相关的内容，所以这时不仅要帮他们刷新内容，还有一个潜在的操作就是帮用户展开整个页面。QQ 浏览器（见图 5-63）的点击页签进行定位的功能运用的就是这样的模式。

图5-63

但在这样设计之后，伴随的另一个需要考虑的设计点是，应该怎样返回上一级页面。上面两个例子虽然有着类似的页签定位模式，但是收起的模式却不相同。一种是下滑动返回前页，另一种是点击页签返回前页，如图 5-64 所示。

图5-64

从直观上来看，滑动返回的方式比较快捷方便，但其实两种模式都有一定的优点，需要综合进行考量。例如，某个页签下的内容如果需要进行下拉刷新，那么这个操作就与下拉返回的操作冲突了，这时就需要权衡一下要选择哪个结果，如图 5-65 所示。

图5-65

（3）复杂情况页签。页签不一定是横向的，根据展示信息的需求，也可以被自由调整，甚至可以多页签并存。如图 5-66 中的左图所示，页签可以通过竖向布局的形式排列，图 5-66 中的右图则展示了多个页签并存的布局形态。

总体来说，页签的设计应该符合用户的操作预期。图 5-66 中右图所示的应用界面布局虽然复杂，但却沿用了 PC 端 Excel 的使用模式，对用户来说也比较容易接受。

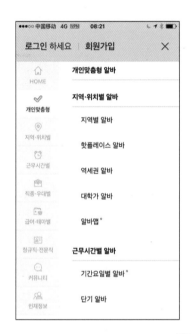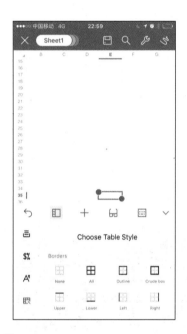

图5-66

3. 其他场景

（1）页签与全量选择。由于有时分类页签的数量比较多，一屏可能展示不全，这时如果能给用户查看全量页签的入口，那么他们使用导航界面时会更加方便。例如，图 5-67 所示的打车应用界面，用户可以选择左右滑动或者点击右侧的全量入口按钮查看全部页签。当然，在这个案例中，可选项的数量级是比较小的，如果可选的页签太多，最好还是能让用户自定义页签。一些新闻资讯类的应用就会使用可编辑式页签，如体育类应用，用户可以自定义数十个体育赛事频道，不仅可以查看没展示完的页签，还可以编辑与定制页签，如图 5-68 所示。

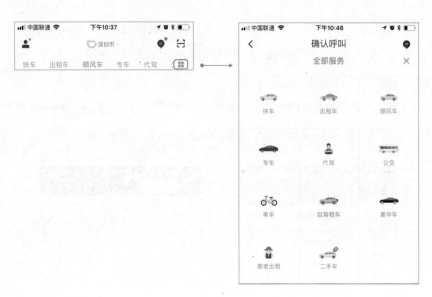

图5-67

图5-68

　　另外，页签也不是每时每刻都要出现，它只是向用户展示信息的分类，在有些情况下也可以隐藏起来。例如，Pinterest lens 是一个可以自动识别同类图片的产品，用户只需要上拉页面，就可以看到相关的分类，但是总体的初始页面并没有将分类完全展示，而是主要展示摄像的镜头，引导用户先进行主功能的操作，如图 5-69 所示。

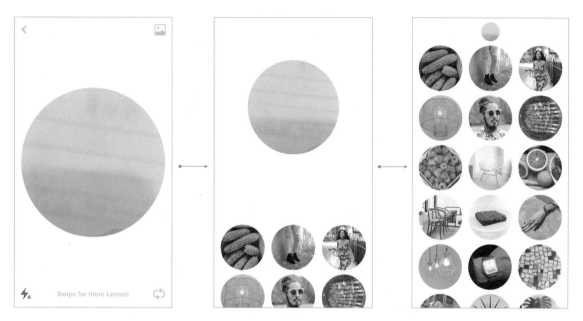

图5-69

（2）定位与页签。页签可以跟随页面滑动变换，如图 5-70 所示。这个设计点适用于包含关系的页签设计，如图 5-71 所示的页签设计，从整体来看，信息只有一页，是垂直分组展示的，而且这些分组又一一对应上方的页签。在这里，页签更多的是承载定位信息的功能，点击页签，页面就会自动滑动到相应的分组。同样，滑动页面时页签也会发生相应的变化。

图5-70

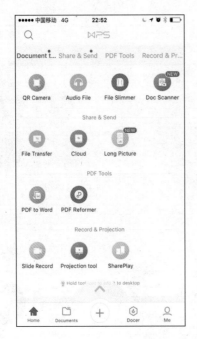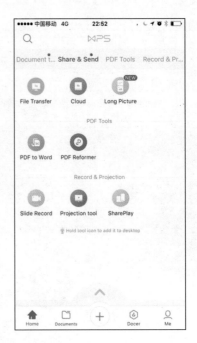

图5-71

（3）页签的尽头。到了页签的尽头无法再滑动时，也可以给用户一些提示。如图 5-72 和图 5-73 所示，当已经没有更多页签时，右侧的图标会进行旋转，虽然功能上没有太大的影响，但这个设计可以使用户持续感知系统与自己的互动。

图5-72

图5-73

4. 页签的一些畅想

添加页签时，它就像是一条蛇，一段一段地往上添加，有时也像一条毛毛虫，如图 5-74 所示。

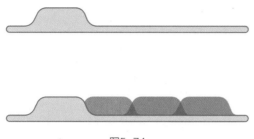

图5-74

点击页签，一个个的页签就像一群在跳芭蕾舞的小朋友（见图 5-75）。被选中的页签就是那个最出众的小朋友。页签就像一个妈妈带着一群小孩子，不断添加页签的过程就像不断增加小孩子的过程。

图5-75

这些看似奇怪的联想，可能也会对设计有所启发。例如，怎样让页签看上去更加有趣，怎样让页签更加出众，怎样让它在添加的过程中更加连贯，毕竟有生命力的设计才能更加有内涵、有风格。

另外，页签还是一种切换的艺术。可以联想一下，看电视的时候，是不是要用遥控器来换台呢？再看看遥控器（见图 5-76），是不是跟现在的手机功能有点像呢？浏览手机时切换不同的页签，也是在切换不同的频道。

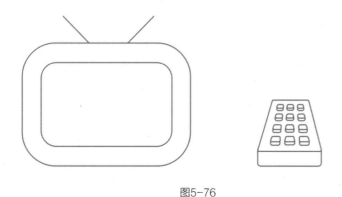

图5-76

听收音机的时候，是不是会按一下收音机的按钮呢（见图 5-77）？这个换频道或者换磁带的过程跟换页签是相似的。

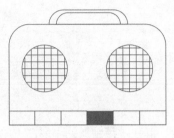

图5-77

看书时是不是要放一些书签？这些书签类似于页签，可以帮助定位，如图 5-78 所示。

图5-78

也有一些跟传统的页签形式相差较远的场景，但也是为了切换而存在的。例如，在使用一个 APP 时突然要跳到另一个 APP，这时就会打开一个手机的历史窗口，可以帮助用户快速地左右切换，如图 5-79 所示。这也是苹果手机的一个有效快捷的切换功能。

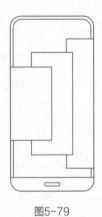

图5-79

5.5 折叠控件

折叠控件有很多名称，如手风琴、抽屉，这些都与生活中的物品紧密相关，而它的折叠方式也有很多细节之处，图 5-80 所示的是折叠控件库。

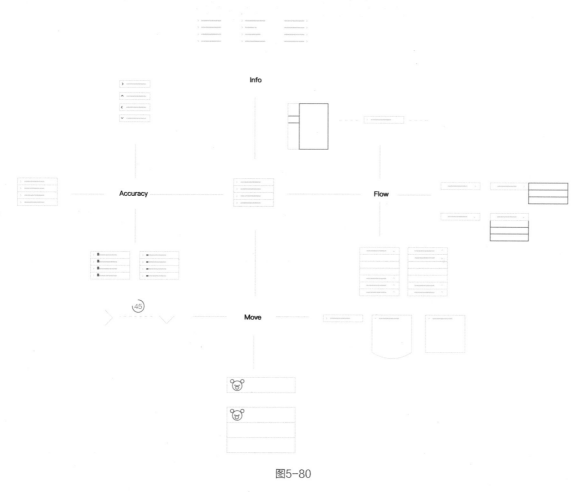

图5-80

1. 设计一个折叠控件的注意点

注意点大概分成三部分，一是符号的使用，二是符号的位置，三是与交互相关的其他注意点。

（1）符号的使用。符号就像门的把手一样，有着指示的作用。这个门是拉开还是推开？可以通过把手的形状、方向来传递。在实际的界面设计应用中，有很多的元素可以选择，如加减号，上下左右的箭头等。

　　使用加减号代表元素的展开和收起，但是如果这个页面上有其他内容的加减符号，可能就会引起混淆。例如，树状目录上同时还有添加的操作，那么这个添加的按钮和折叠的按钮就会有冲突。所以如果遇到这种情况，使用箭头会比较合适，如图 5-81 所示。

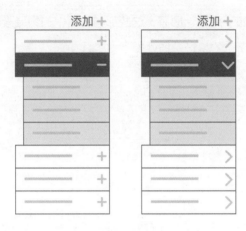

图5-81

　　如果使用箭头，也有一些需要注意的点，涉及用户的期待和展开元素应该出现的方向。

　　关于树状目录箭头的方向有很多的用户调研及理论作为支撑，例如，用眼动实验来测试对折叠菜单的图形认知[1]，如图 5-82 所示的树状目录点击热区用户测试。

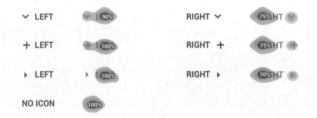

图5-82

　　树状目录展开与折叠的形式多样，不同方案之间表面上的差异又比较微小。因此，选择的时候就需要有一定的方法与依据，如图 5-83 所示的展开树状结构的不同符号变化。

---

① 详细内容可查看 https://www.viget.com/articles/testing-accordion-menu-designs-iconography。

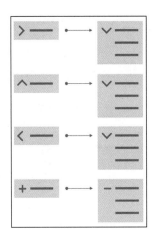

图5-83

那么应该怎样去选择符号呢？其实人对图形设计界面中的图标认知与对真实世界的指路标志是类似的，箭头的作用是给用户一个提示，提示用户接下来需要做的事情，如图 5-84 所示。

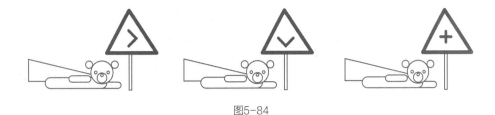

图5-84

可以看一下经常接触的菜单面板，如果单击图 5-85 中所示的箭头，用户的期待是怎样的呢？在我们的固有认知中，二级菜单会从右边滑出，而仔细观察图中的箭头，发现它的方向也是指向右边的。

图5-85

来看一个 Office Word 的例子，如图 5-86 所示，一个折叠面板右上方有与折叠相关的箭头，单击箭头，下方的面板会向上收起。而再次单击时，面板会向下重新展开。仔细看图，其实表情旁边还有一个小箭头，单击这个小箭头后会在下方展开与表情相关的选择，如图 5-87 所示。

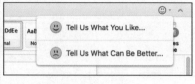

图5-86

图5-87

再看看 Word 自带的目录树，可以看到目录树在展开前，箭头是指向右边的（见图 5-88），而展开后箭头就指向了下边（见图 5-89）。

图5-88

图5-89

虽然这些箭头的种类很多，但总体来看，箭头的使用分为两类，一类是导向型，另一类是强调型，如图 5-90 所示。导向型箭头会预测下一步的走势，告诉用户应该怎么走，而强调型的箭头则主要强调当前展示的内容。

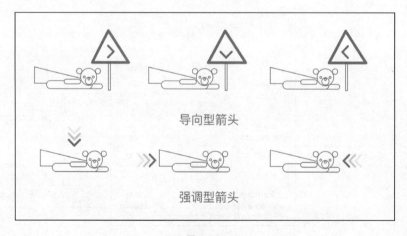

图5-90

从图 5-91 中可以看到，不同折叠控件的箭头类型一般也在这两种箭头的范围内。导向型控件的箭头方向意味着内容即将出现的方向，而强调型箭头则指向当前希望用户关注的信息区域。

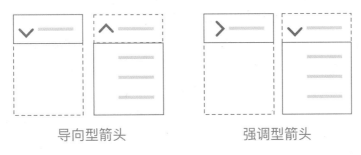

导向型箭头　　　　　强调型箭头

图5-91

虽然只是一些小知识，但作为设计师不管用什么样的方式设计箭头，都应该知道设计的原因及合理性。

（2）符号的位置。箭头的放置有 3 种位置，一种是右对齐，一种是左对齐，还有一种是文字对齐，如图 5-92 所示。

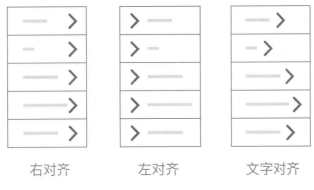

右对齐　　　　　左对齐　　　　　文字对齐

图5-92

箭头放在不同的位置有不同的用处。把箭头放在左边，会对视觉造成比较好的提示作用，相当于从一开始就提示用户这是一个可以展开的区域。如果箭头放在右边，就与用户的右手操作习惯相吻合，可以提高使用效率。如果箭头紧靠着文字，二者的关联性会更高。

对于右对齐的箭头，用户会经常尝试点击箭头，而放在左边，用户就会倾向于点击文字。因此，用户对于左对齐与右对齐箭头的认知是不一样的，设计的选择也并非一成不变。

如果树状目录需要用户经常进行展开操作，那么左、右对齐可能优于贴近文字的方式，因为用户可以重复多次展开而不需要来回移动位置。这其实与关闭浏览器页签的原理相似，如图 5-93 所示。

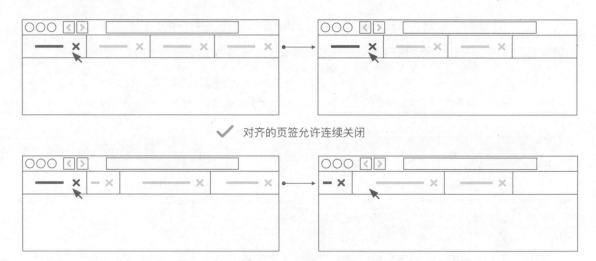

✓ 对齐的页签允许连续关闭

✗ 非对齐的页签需要用户左右移动鼠标关闭

图5-93

另外，关于箭头左右位置的选择，由于右边的元素是比较容易操作的，因此最好把可点击的元素放到右边。例如，如果一个树状目录只有箭头是可点击的，那么最好把箭头都放在右边，但如果内容与箭头都可点击，那么放在左或者右的效果就比较接近。

（3）与交互相关的其他注意点。如果再深入了解一些设计的细节，还会有其他的设计点需要考虑，虽然这里只是简单列举，但了解这些设计注意点，在下次设计时就会多一分考虑。

① 点击树状目录的展开与跳转区域。点击树状目录有两种可能性，展开目录及进入详情页面，这与用户的意图有关。因此，设计时需要考虑用户是否希望点击后马上查看详情，还是只希望展开列表浏览，而不一定离开当前页面，如图 5-94 所示。

图5-94

以 Word 写作时的目录为例，用户在浏览目录时，可能只是想浏览一下目录大纲，而没有跳转的预期。如图 5-95 所示，左侧的目录中带有箭头及目录标题，此时用户的需求可能有两种，一种是展开查看目录，另一种是点击标题查看内容详情，因此目录上将箭头与标题的点击区域分开是合理的。

图5-95

② 树状目录与页面定位。选中某条目录的时候，如果可以帮助用户自动定位，可以提高目录的使用效率，如图 5-96 所示。

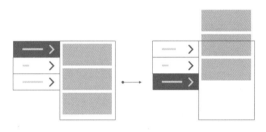

图5-96

③ 目录的展开与收起。目录树的内容如果太多，可以考虑调整它的展开与收起机制，如每次展开新内容的时候，旧的内容都会自动收起，如图 5-97 所示。

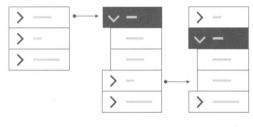

图5-97

2. 折叠控件的实际综合应用

（1）简化信息。折叠控件常用于简化信息，以便节省空间、提高信息的可读性。图 5-98 中的卡片为打卡卡片，在打卡前，用户可以浏览详细的信息，在浏览完毕并点击打卡后，信息就会被自动收起。而且，这里用了折叠而不是移除卡片，这样用户就可以随时再次展开卡片阅读。但如果信息属于快速消费内容，那么卡片的设计会倾向于直接移除。

图5-98

在地图的路线规划中也常用折叠来作为信息展示的一种方式，如图5-99所示的地图折叠控件，重点展示起点与终点，因为中间经过的站点比较多，所以会折叠起来展示。这样就能清晰地将规划的路线重点展示给用户。

图5-99

结合之前讲述的关于树状目录箭头方向的问题也可以发现，两个案例中的箭头都偏向于对展开内容的预测，属于导向型的箭头。

（2）分类与选择。折叠控件也用于分类与选择，协助用户进行快速搜索与定位。

图 5-100 中的 APP 将分类的选项隐藏在了折叠空间里，用户需要时可以随时展开。这样用户就可以通过全量的分类入口使用 APP 的主要功能。折叠的好处在于，保留了固定的入口，可以将一些不常用但是重要的功能保留下来。

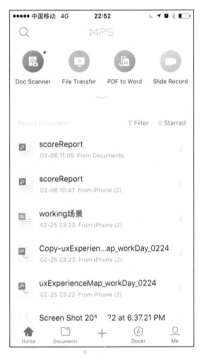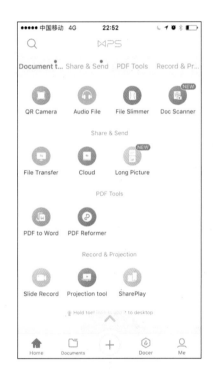

图5-100

如图 5-101 所示，在使用 APP 中的表格时，由于用户会使用多个文件，因此提供了一个可以展示所有打开文档的功能，供用户选择所有使用中的文档。这是一种比较灵活的展开与折叠方式，通过上下滑动，用户可以将文档展开一部分（左图），查看标题与详细内容；也可以将内容完全收起，只保留标题，这就对应了树状目录的折叠状态（右图）。

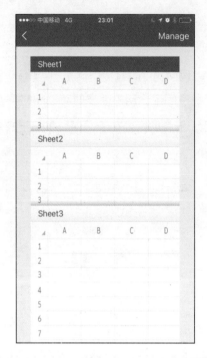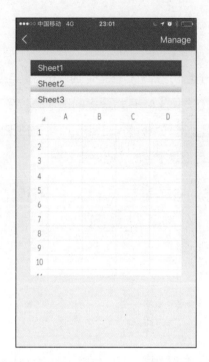

图5-101

折叠控件可以用于切换和导航，同时又可以使信息展示更加简洁，是一种可以帮助用户收纳的交互控件。

5.6 过滤

如图 5-102 所示的过滤组件库，过滤就像漏斗一样，可以将信息从多变少，再呈现给用户，如图 5-103 所示。

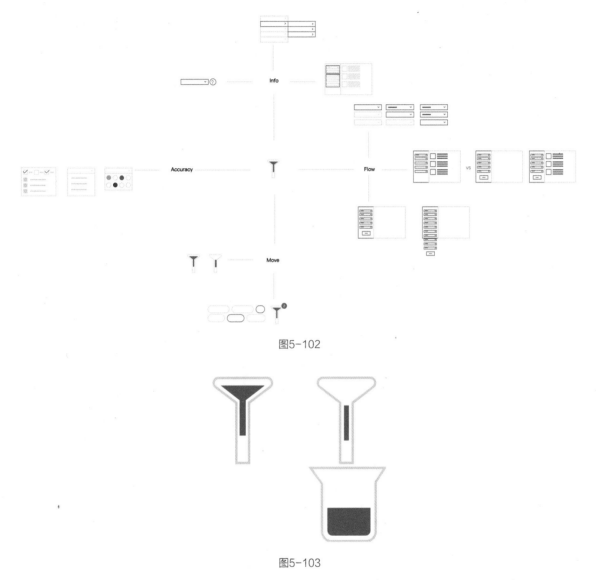

图5-102

图5-103

　　从古至今，人们都在寻求过滤信息的方法，如漏斗的发明，就是希望可以将东西快速地过滤。例如，用筛子将稻米中的碎渣筛出，也是一个将信息过滤的过程，需要考虑用多大的滤网，用什么样的动作将碎渣过滤出来。

　　与过滤相似的其他组件有搜索和排序等，它们的功能都是帮助用户进行不同维度的信息筛选。什么时候应该采取什么样的筛选方法，要根据不同的场景来决定。假如用户有明确的意图，想要搜索某一件东西，那么用搜索框搜索比较合适。如果用户没有明确意图，只是想比较宽泛地找某一个范围的东西，如想找一条黑色的裙子，那么这时采取条件过滤会比较适合。

　　关于过滤的设计点有以下几点。

（1）实时过滤与保存过滤。可能有很多人觉得，实时的过滤不是更好吗？用户选择了某个过滤条件，然后由界面实时展现给用户所需要的信息。但再从其他角度想一想，假如用户只是调整了一个很小的参数，还未结束输入，这时便将内容进行了刷新，也会对用户造成困扰。什么时候应该刷新，什么时候不应该刷新，什么时候帮用户过滤，什么时候让用户主动进行过滤，这些都是需要考虑的。

如图 5-104 所示，左图是实时信息过滤机制，用户一旦选择了过滤条件，展示信息的面板就会进行实时刷新，这种操作的好处是用户可以实时看到操作的结果，并且可以快速进行横向比较。

右图则是要通过一个按钮触发过滤，用户先将所有的过滤条件设定好，再单击按钮来进行过滤。这种操作也有一个好处，就是它的结果呈现可以更加集中，并且用户在设定过滤条件的过程中不会被干扰。

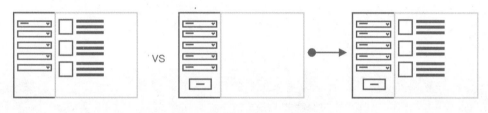

图5-104

总体来看，能不能实时过滤跟用户的操作主动程度有关，如图 5-105 所示。不同的控件代表不同的过滤方式，有的可以一次到位，有的则需要用户手动输入与调整，尤其是一些 B 端（面向Business）的产品，如面向开发者的管理平台，手动输入各种序列号与参数也是常见的。

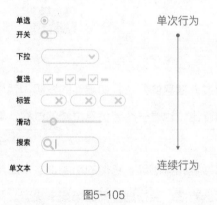

图5-105

如果行为是连续的，实时过滤则可能会中断用户行为，并带来不好的体验。但如果行为只是单次的，例如，用户只是进行一些下拉框的选择，或者是少量的单选，这时候实时过滤就能够提高效率，如图 5-106 所示。

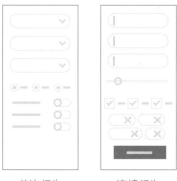

单次行为　　　　　连续行为

图5-106

因此，在设计时就需要自己去感知与判断，从而做出合理的选择。

（2）功能式过滤。过滤的条件不一定只限于文本过滤，有时也可以通过视觉化的形式来展现。例如，有些购物网站就用色板来代表各种衣服的颜色，这样用户就可以直接选择颜色过滤，如图 5-107 所示。

图5-107

又如，图 5-108 是谷歌的一个浏览文化艺术藏品的应用，对比左右两图，会发现在特定的场景下，用颜色传达会比文字更为生动。

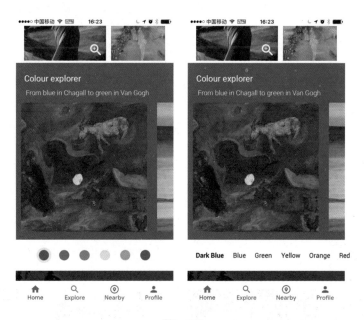

图5-108

（3）个性化过滤。过滤的条件因人而异，因此可以让用户进行个性化过滤。用户可以删除已有的过滤条件，也可以增加新的过滤条件，如图 5-109 所示。

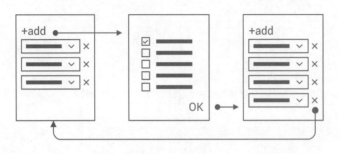

图5-109

（4）隐藏与显示。这些过滤条件可以完全展示在外面，也可以隐藏在一个菜单按钮中，如图5-110所示。

图5-110

图5-111是两个实例。左图中，信息的分类有不同的层级，最高级别是水果、蔬菜等大类，由于显示的空间有限，因此将最高的层级作为过滤条件放在了顶部，同时作为标题存在。而右图中则将过滤条件做得更加隐蔽，通过下拉才能显示，但同时将过滤条件与搜索融合在一起，过滤条件作为搜索框的一部分时时存在，给用户一个提示的作用。

图5-111

（5）明确的说明。有的过滤条件本身的含义比较模糊，所以如果在过滤条件附近给用户一些提示，会引导用户更好地使用这个过滤功能，如图 5-112 所示。

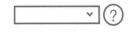

图5-112

（6）信息分组。过滤条件中有很多不同的信息，适当将这些过滤条件分组，能让用户比较容易理解，如图 5-113 所示。例如，地址信息中包括了城市、国家、邮政编码等，这些都可以简单分组为地理信息。

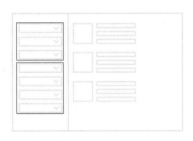

图5-113

图 5-114 所示的应用就将条件进行了分组，分组的第一个维度与类别相关，用户可以选择过滤"内容""内容上传者"或"上传的内容专题画板"，第二个分类维度则是与用户自身的信息相关，分别是"自己的内容"与"可以购买的内容"。"可以购买的内容"这一项包含了一些商业属性。

图5-114

（7）联动。进行过滤时，有一些条件是相互关联的，如国家信息、省份信息和城市信息。这些信息有先后逐级的关系，只有填好国家信息，才能缩小城市信息的选择范围。这时可以将这一关系更加明显地表示出来，即可以先填国家，再开放城市信息的选项，这样用户操作起来会更明确，如图 5-115 所示。

图5-115

（8）浮动按钮。如果一个面板内的过滤条件比较多，表示确定的按钮可能就会被挤到下方，这样用户就需要经过一系列滑动才能点到确定按钮。因此，确定按钮可以始终悬浮于面板中，以方便用户点击，如图 5-116 所示。

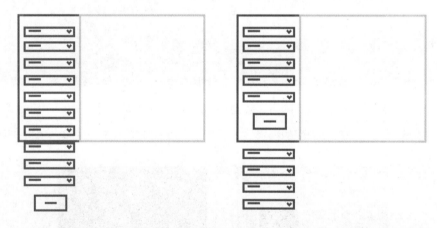

图5-116

5.7 重做

重做是一种比较常见的交互模式，如图 5-117 所示。虽然听起来很简单，但其中的逻辑却不简单，涉及用户与历史的交互、用户重做的过程，以及其他的一些设计模式。很早的时候，微软也专门为重做制订了一套交互的规范，以此来使软件更加符合用户的习惯。

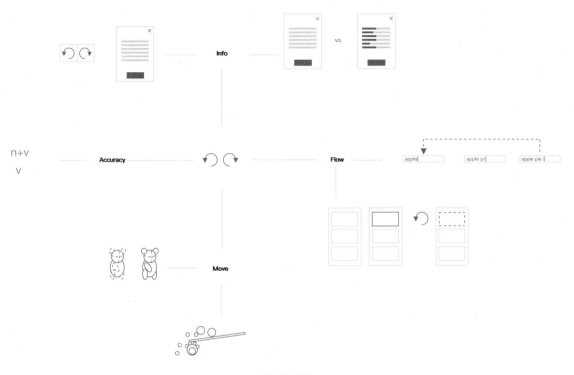

图5-117

　　重做，用一句话来说就是给用户后悔药，让其回到操作中的某个历史阶段。促使设计师不仅要面向未来设计，同时也要面向过去设计。

　　那么重做适用于什么样的场景，又不适用于什么样的场景呢?

　　首先，重做的操作常用于一些需要用户编辑与输入信息的场景，而且这些操作是支持用户撤销的。例如，从基本的办公软件 Word、Excel 到设计师常用的 Photoshop、Sketch、After Effect 等需要用户持续输入与编辑的产品，都包含了重做的概念。其次，程序员使用的开发软件在进行代码输入时也需要撤销操作。文艺一点来说，容易后悔的天性，使重做成为产品设计中一个持续存在的需求，其模式已经逐渐被固化，它是 "Ctrl+Z"，也是 "撤销" 按钮↶。虽然在平时的工作中可能会更加偏向于 "向前" 的设计，但既然用户会用大部分的时间反复重做，那这就绝不是一个可以轻视的设计点。

　　先来介绍微软对于这个简单的重做操作都做了哪些规范。

1. 将操作与历史关联起来

　　简单来说，就是将用户操作的历史一步步记录下来，变成列表的形式展现给用户，这样用户就可以从列表上得知自己到底进行了哪些操作，从而选择自己想要回到的时间点。

　　针对这种跟历史相关的重做操作，也有简单和复杂两种形式。简单的形式就是我们经常使用的

"撤销"和"重复"两个按钮，一个代表重做，另一个代表前进。比较复杂的形式就是需要有一个面板记录用户所有的历史操作，然后由用户自主选择，如图5-118所示的简单与复杂的重做。经常使用Photoshop的用户知道，Photoshop中有一个历史记录面板，可以随时回到历史记录中的某个操作。

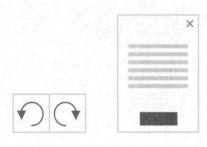

图5-118

2. 历史信息如何展示

历史信息有很多种展示方式，其中的难点在于这些历史信息要怎样展示，才能让用户更好地理解，因为毕竟时间久远，用户可能不太记得自己做过了什么。因此，设计的目的在于让用户一看到这些信息就能立刻联想到自己的历史操作，从而决定下一步的操作。微软的产品规定了历史信息以动为维度进行展示。例如，如果这一步的操作是删除了某个文字，那么展示的信息就是"删除文字"，如果是新建了一个文档，那么展示的信息就是"新建文档"。这种记录方式在技术允许的条件下，也可以继续被深化，更加详细地展示信息。例如，"新建xxx文档"或"改变颜色值为xxx"，当然，这只是一种可能性，展示太多的信息也会造成阅读的负担，如图5-119所示。

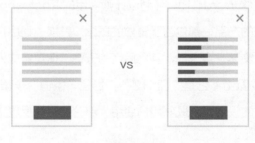

图5-119

3. 动作的粒度

什么是动作的粒度？举个例子，年、月、日、时、分、秒就是不同的时间粒度。在进行重做设计时，也需要规定这个粒度。例如，使用键盘输入一句"今天我去吃饭了"，每输入一个字，是不是就记录为一个事件呢？用户返回时是应该返回一个字，还是应该返回一句话？这个都是需要考虑的。当然，这在微软的 Office 软件中都是有规定的，大家用 Word 打字时有没有注意过，如果按"撤销"是撤销一个字，还是撤销一个词语？这些都是设计师应该考虑的，可以给用户一个规范，让他们遵循规范进行撤销，如图 5-120 所示。

图5-120

Word 中包含了不同的撤销分隔符，有标点符号、时间及语言，如果使用了空格、逗号、句号，系统会自动将其划分为一个群组撤销。如果没有使用标点符号，又经过了一定的时间跨度，也会自动生成一个群组。而且不同的语言也有不同的撤销方式，用汉字输入时，输入一次的汉字作为一个群组存在；但如果是英文，即使输入一长串也有可能一次性撤销。

4. 不可逆的操作

并不是所有操作都是可重做的，有很多操作是不能撤销的，如付款、保存文件与下载文件。

5. 有选择性地撤销

选择性地撤销，顾名思义就是针对某一个区域进行撤销。例如，修改了一个文档的不同地方，但只想在某一个区域进行撤销，这就是选择性的撤销。

6. 多用户

如果一个系统由多个用户操作，那么它的撤销系统会更加复杂。每个用户的操作都会被其他用户感知，那么这个系统应该怎样记录这么多用户的撤销信息，又怎样将它们整合在一起呢？这也是需要考虑的。例如，一些协同合作的设计软件，在进行重做设计时应该更加关注这一点。

5.8　为空状态

图 5-121 所示的是为空组件库，为空是用户遇到"瓶颈"，遇到不能走通的路时出现的，如果没有很好地设计为空状态，就会造成用户的流失。一个好的为空设计可以帮助用户更好地定位错误，找到更好的出路，这样就可以维持用户对整个产品的使用率。

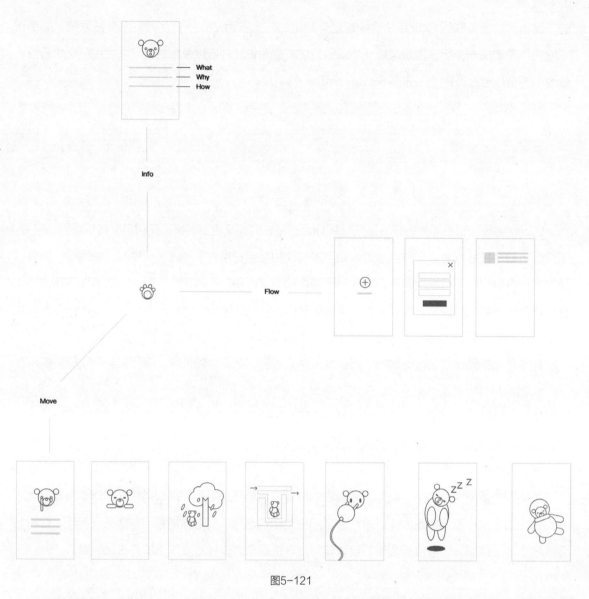

图5-121

为空状态有不同的形式，而不同的形式设计又是基于不同的情感、不同的状态、不同的设计角度来进行设计的。

1. 情感化

情感化的为空状态一般会由人物形象作为承载体，因为拟人化的形象具有自己的表情。例如，一个哭泣的人物，或者一个开心的人物，这种设计方法可以引起用户的共鸣，如图 5-122 所示。

2. 幽默感

幽默感的范畴比较特殊，它既不是展示情感，也不是展示状态，只是为了缓解用户在等待状态时的焦虑而存在，如图 5-123 所示。或者一张图上是一个小人瞪着大眼睛看着一个菠萝，它展示的是一种无聊之中又带点幽默的状态，这样可以给用户会心一笑的感觉。

图5-122

图5-123

3. 寂寥

为空和寂寥有一定的联系，为空代表心境的失落，可以与自然景象联系起来。例如，秋风扫落叶就展现了一种寂寥的状态，如图 5-124 所示。

图5-124

4. 迷失

为空状态的出现有时是因为网络不通畅，有时是因为网络故障，所以它代表了一种迷路或迷失的状态，这时的页面应该怎么设计呢？有很多种展现形式，例如，一名宇航员在太空中迷路的状态（见图 5-125），一名飞行员拿着降落伞从飞机上掉下来的状态，或者一个人被困在孤岛上的状态，等等。这些都代表了一种迷茫的不知道方向的状态。

图5-125

5. 中性状态

中性状态一般是比较客观地阐述当前发生的事情。例如，当前网络无连接，当前Wi-Fi信号不好，这种中性的词语是客观陈述一个事实。如果用这种朴素的文字来阐述，可以明确传递信息，但也可能会使体验效果略显平淡。

6. 故障

网络出现连接错误，肯定是一些与故障相关的问题，这种故障可以通过什么样的场景来表达呢？其实也不一定要以Wi-Fi故障的形式来表达，因为这种形式用得比较多，有可能会让用户失去新鲜感。可以联系生活中的事物，例如，插线板断开了，插头没有插到插座上（见图5-126），或是电线断了，中间开始漏电，这些都是故障。还可以把场景再扩大一点，例如，正在建造一座城市，但是建到一半时发生了一点小故障，也算是故障的一种表达形式。

图5-126

在总结了这些为空状态的表达方式之后，还要根据具体的场景来进行设计。例如，没有 Wi-Fi 的状态应该是什么样的，网络连接不畅应该是什么样的，搜索出来为空的页面又应该是什么样的？这些都应该有略微的不同，因为它们对应的场景也有所差别。

5.9　搜索

搜索的过程是一个对信息不停地分类，不停地组合，不断缩小范围的过程，图 5-127 所示为搜索组件库。

图5-127

如果信息是米，那么搜索所做的事情就是将这些米不断地筛选，不断地过滤，直到找出想要的那一粒米。如图 5-128 所示，搜索可分为文字搜索、对话搜索及识别搜索。

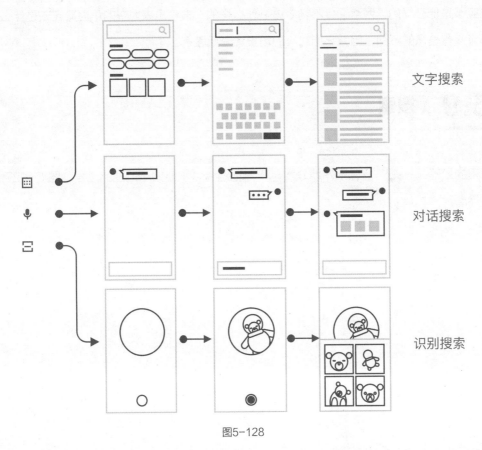

文字搜索

对话搜索

识别搜索

图5-128

那么，搜索都有哪些模式呢？本节分 3 点来进行介绍，分别是搜索意图、进行搜索及搜索结果的呈现。

1. 搜索意图

搜索意图分为两类，有明确意图的搜索和没有明确意图的搜索。在用户还不知道需要搜索什么的时候，会去随意探索；而当用户已经有了明确要搜索的内容时，则会倾向于输入搜索。

（1）无明确意图的搜索。无明确意图的搜索，就像是把手插进米缸中（见图 5-129），不知道会搜到什么东西，但是会有一种发现的乐趣。

例如，进入 Airbnb 搜索界面时，即使用户不知道要搜索什么，也会有"任何地方""附近的"等选项可选择，这样用户就可以在搜索意图不明确的情况下随意浏览，如图 5-130 所示。例用户进入购物 APP 的

图5-129

搜索界面时，可能一时不知道要买什么，但是里面的热搜可以引导用户去购买，如图 5-131 所示。

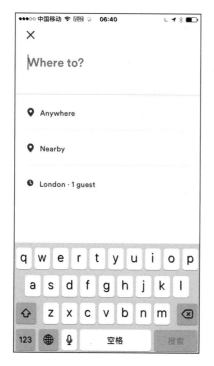

图5-130

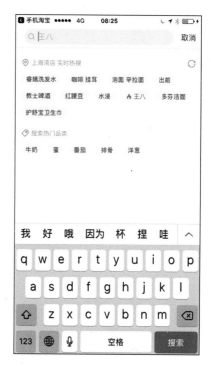

图5-131

（2）有明确意图的搜索。有明确意图搜索的模式，就是比较常规的搜索。基本的模式是一个文本框，再加一个搜索按钮。只需要在文本框中输入想要搜索的内容，然后单击搜索按钮，就可以进入全量搜索的结果页面。

有明确意图的搜索体现的是一种秩序感。自 1997 年开始，Google 创立了自己的搜索引擎，至今已经有二十多年的历史，图 5-132 所示为谷歌的搜索发展时间线。而且，NNgroup 用户调研小组提出用户现在对搜索已经形成了比较固定的认知——一个简单的文本搜索框，加上一个"放大镜"，如图 5-133 所示。

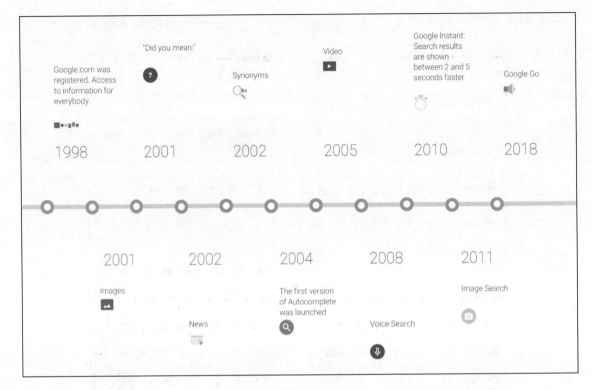

图5-132

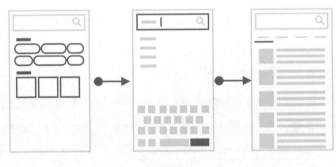

图5-133

　　虽然目前识别搜索、语音搜索正在发展，但毕竟传统搜索已经使用了二十几年，对于用户来说还是主流的搜索模式，所以会给用户比较安全的感觉。

　　2. 进行搜索

　　进行搜索操作时，虽然只是简单的输入操作，但也有一些要注意的点。

　　（1）内容推荐。在用户输入文字之前，可以增加一些关联内容的推荐，但是推荐的内容不宜过多，否则就无法吸引用户点击，因为这时的用户可能已经有明确的意图，会快速跳过这个页面，这样就不能达到商业运营的目的。可以尝试对重点信息做一些标记与突出，如图 5-134 所示。

强调热词　　强调功能

图5-134

图 5-135 中的前两个搜索的案例，不仅给出了标签推荐，还将一些重点的标签高亮显示，突出了希望用户重点点击的内容。

最右侧的 Pinterest 搜索初始页虽然没有高亮显示搜索推荐的重点，但是却将右上角的相机按钮做得很抢眼。Pinterest lens 是结合人工智能研发的一个新功能，所以设计师希望引导用户去使用。因此，这个搜索的初始页也是有明确的引导目的与侧重点的。

图5-135

（2）自动联想。在输入状态时，自动联想可以给用户一种"懂我"的感觉。图 5-136 从左到右依次为 Airbnb、Pinterest 及支付宝的搜索页，可以看到，即使是联想，也有不同的形式。图中的 Pinterest 将与用户搜索相关的文字加粗展示，支付宝则将自动联想结合搜索的内容直接展示给用户，这些都是值得参考的细节。

图5-136

（3）功能直达。在搜索的时候，如果内容可以直接展示，那么可以把操作与功能也提前展示，这样用户就可以直接使用功能了。如图 5-137 所示，左图是在翻译软件中搜索可翻译的语言，有的语言之前没有安装，所以右侧出现了一个下载的图标，用户可直接点击下载；右图是搜索联系人，联系人信息与关联的打电话等操作同时展现，方便用户快速操作。

图5-137

进一步联想，有了这个功能之后，是否还要以手机 +APP 的方式来使用手机呢？因为完全可以在搜索中找到某个 APP 的功能，订票、打车、快捷支付，这些都可以在搜索中找到。在未来，大家会不会只带着一个搜索框就出门了呢（见图 5-138）？这是一个值得深入研究的问题。

图5-138

3. 搜索结果的呈现

（1）信息分组。输入搜索信息后，如果搜索结果中包含多种类别的内容，则需要将信息分组呈现给用户（见图 5-139）。图 5-140 中的搜索结果页将内容分成不同的类别群组展示。另外，信息的群组不一定要以卡片作为容器，跟对话助手结合也是一种比较有趣的方式。例如，图 5-141 中的 APP 通过对话助手将结果筛选呈现，这样就更加有针对性了。

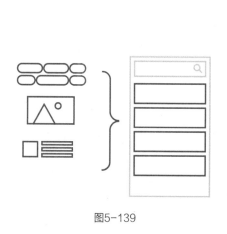

图5-139

图5-140

图5-141

（2）筛选与分类。除了展示结果外，也可以让用户主动筛选内容，这一点可以跟前面讲的关于过滤的内容联系在一起理解。图 5-142 所示的两个案例，分别是显性的分类页签筛选及隐藏式的可过滤结果页筛选。这些都是可以给予内容过滤的操作。

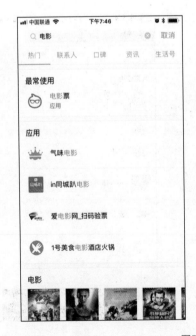
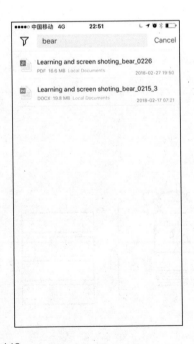

图5-142

5.10　进度条

1. 进度条的好处

进度条代表当前任务进行的状态，用户对系统运作状态的认知也来源于进度条，图5-143 所示为进度条组件库。适当对进度条进行设计，可以缓解用户等待的焦虑，虽然系统本身可能并没有提高速度，但通过设计可以改变用户对等待状态的认知。总之，进度条的存在就是为了让用户更加耐心地等待某一个进度的完成。

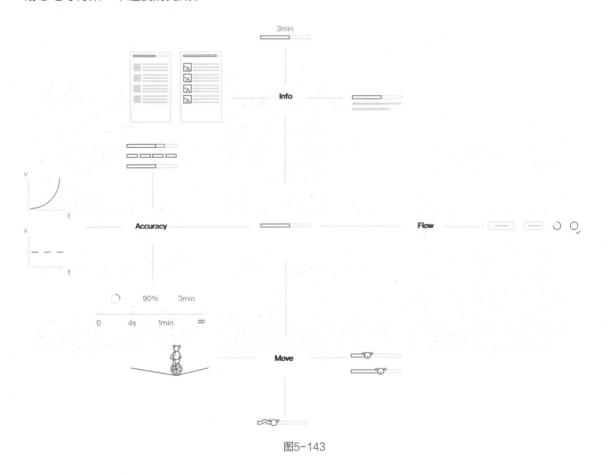

图5-143

2. 进度条的类型

（1）按照进度的明确程度来分，可以分为确定型的进度条和未知进程型的进度条。[1]确定型的进度条代表系统可以准确预知剩余的时间，并且将进度准确地展现给用户，而不确定型的进度条则代表无法预知的等待，如图 5-144 所示。

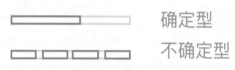

图5-144

Spotify 将进度条与任务完成状态结合，给予用户任务完成状态的提醒，这种进度条完全由用户掌控，相当于确定型进度条，如图 5-145 所示的音乐兴趣初始引导。

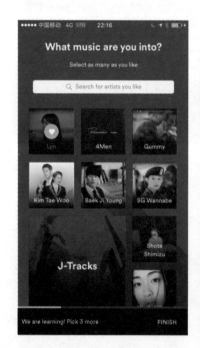

图5-145

（2）按照形状来分，进度条也分为两种，一种是圆形的，另一种是条形的，如图 5-146 所示。根据空间的需求不同，可以选择不同的进度条。Facebook 的一份研究表明，圆形进度条与条形进度条会造成心理差异。看到条形的时候，用户会倾向于责怪 APP，而看到圆形进度条的时候，用

户会更加责怪系统。[1]

图5-146

3. 进度条设计的细节点

（1）循环动画。循环动画对于进度条的作用在于，可以吸引用户的注意力。虽然都是等待，但相较于传统的线状进度条，循环与动画相结合的进度条可以缓解用户的焦虑。如果要设计这样的进度条，则需要发散思维，将生活中一些能够吸引用户的元素融入其中。

例如，图 5-147 中的进度条使用了牛顿摆的样式，而且由 4 个球状表情组合而成，这些表情相互碰撞，一个表情落下，另一个表情又升起，形成有规律的重复图样。在不能确定等待时间的情况下，这种重复循环的动画可以暂时吸引用户的注意力，以缓解等待的焦虑。

图5-147

图 5-148 使用了一只河马翻炒一条鱼的情景来作为等待加载的动画，鱼的旋转形成了圈式的加载动画，同时又与整个产品的美食购物功能相协调；而图 5-149 也使用了圆形的动效作为等待加载的动画。

---

[1]　详细内容可查看 http://mercury.io/blog/the-psychology-of-waiting-loading-animations-and-facebook。

图5-148

图5-149

（2）错觉。虽然系统的实际等待时间并不能因此缩短，但可以通过设计来给用户错觉。用户在等待的过程中对时间的感知也有一些理论支撑[①]，假如这个进度条的移动速度是由慢到快，用户就会觉得这个进度会比预想中要快一些，但是如果这个进度条在移动的过程中带了一点卡顿，那么用户就会觉得这个进度比较慢，如图 5-150 所示。根据这个原理进行设计，设计师与开发人员可以协同调整进度条的移动速度，以传递给用户先慢后快的感觉。

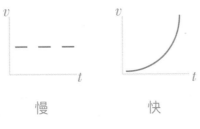

图5-150

（3）明确的指示。第三个设计点叫作明确的指示。例如，点击一个按钮，代表等待的出发点是从这个按钮开始的，所以如果进度条在按钮上，会让用户将等待与触发这两者结合起来。这种指示方式更加有针对性。图 5-151 所示为一个翻译类的 APP，翻译之后点击音量播放按钮，就会随着声音出现播放的进度条，直到读完为止。

图5-151

---

①　详细内容可查看 http://johnnyholland.org/2008/11/the-effect-of-the-progress-bar/。

（4）关于时间。根据等待的时间不同，信息的展示也有一定的区别。如果进度条的等待时间超过 4 秒，那么一个显示了确定时间的进度条可能会让用户对任务的完成更加有期待感。一个研究机构的数据表明，如果加载进度少于 1 分钟，用户需要了解任务完成的百分比；如果大于 1 分钟，用户就会想知道完成任务的剩余时间。[①] NNgroup 也提到过关于等待时间的理论，如果等待超过 1 秒，就向用户展示进度条，而循环进度条只用于快速的加载。

这里也对各种不同的等待时间跨度与信息展示作了一个总结，如图 5-152 所示。

图5-152

根据等待时间的不同，用户的心理活动也不同。如果等待的时间少于 4 秒，用户可能并不会感知到等待；如果等待时间在 4 秒到 1 分钟之间，用户就会需要了解任务的进度；但是如果等待时间超过了 1 分钟，那么用户可能就要离开界面去做其他的事情了。例如，正在向网盘上传资料，需要知道大概还要多长时间能上传完，这样就可以在预估的时间返回界面继续操作。

这个关于时间的总结相当于用户对等待的一种共性的认知，如果遇到其他等待的情况，例如，语音对话中的等待、拍照识别时的等待，也可以尝试套用。

（5）骨架加载。骨架加载就是在加载界面之前，将页面的大体骨架先展示出来，这样会让用户预先对结果有一个整体的认知，就可以激励用户继续等待，如图 5-153 所示。这种加载经常用于一些流式加载的界面，如图片流的加载、信息流的加载等。这些内容本身的加载速度不一定慢，但是因为它们是流式的，浏览与刷新速度都较快，所以需要预留一定的时间缓冲加载。Google 的图片搜索就用了骨架加载的形式（见图 5-154），同时还运用了取色法，在加载时就预先选取与图片相关的颜色展示，使加载时的视觉观感不会太差。

---

① 详细内容可查看 https://www.nngroup.com/articles/progress-indicators/。

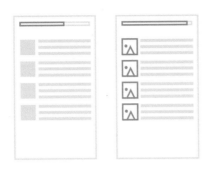

图5-153

图5-154

4. 心理学及其他

有一个很有趣的理论是跟俄罗斯方块相关的。俄罗斯方块是一款很成功的游戏，因为它将任务与等待完美地结合在一起。人们在等待这些方块的时候，不仅看到了从上方落下的不同的方块，也看到了一些潜在的问题，就是下方还未被消去的方块。但是由于这些问题在用户看来是很快可以得到解决的，所以他们就会不断去解决这些问题。在不断发现问题、解决问题的过程中，用户对俄罗斯方块的整个流程就有了一个完整的期待感。这个理论其实对营造一个循环的等待系统很有启发，设计者必须让用户对整个等待的系统有预期，并且保持用户与系统的互动，他们才会继续等待。

另一个与完整度相关联的理论称为 Zeigarnik effect[①]，其中提到一位心理学家在咖啡店看到一个现象，一个服务员接受了某个订单，他会很快去处理这个订单，并且为这一桌客人服务，如果订单结束，服务员就像这个订单从未发生过一样。人们对完整的期待会促使他们去完成某些事情，而进度条的未完成状态，对于用户的心理来说是一种阻碍。对这种阻碍进行包装与设计，是一种缓解的方法。

---

① 详细内容可查看 https://en.wikipedia.org/wiki/Zeigarnik_effect。

5.11　通知

图 5-155 所示为通知组件库，通知是用户获取外界信息的重要渠道，新鲜事、好友信息、短信、水电费、最新赛事、日程安排等。当我们无暇关注这些信息的时候，通知会主动将这些内容带给我们。虽然有时候因为通知消息太多，会引起一些用户的抵触，但仍然比关掉整个通知系统要好，好比再也没有报纸送到家里，再也不知道好友的最新动态，再也没有新鲜事物主动到来。

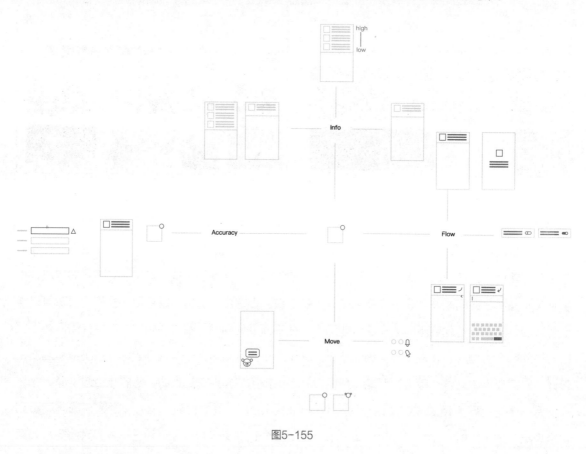

图5-155

1. 通知的基本类型

按照与用户的关联程度来分，通知分为靠近用户的通知和外界的通知。在距离用户比较近的通知中，包括来自朋友的消息、订单的通知、订阅的赛事等。而外界的通知则包含一些推送的广告，

系统根据用户的喜好而猜测的推荐等。NNgroup 对通知的分类 ① 也包含了主动选择的通知与被动
接受的通知两种形式。

　　下面结合具体案例，介绍一下从强到弱几种不同形式的通知，并学习它们的运用方式，如图
5-156 所示。

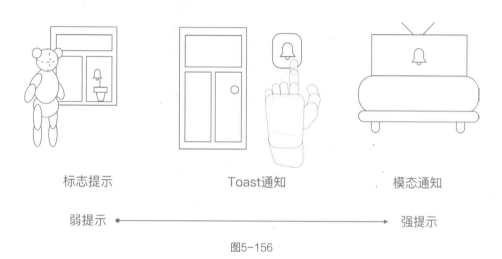

图5-156

　　（1）模态通知，通知等级：强。模态的通知提醒，就像是打开家里的电视机（见图 5-157）
时突然弹出来的一个通知一样，虽然会造成干扰但是却很重要。与某些系统级别相关的通知提醒一
般就会采用这种方式，以向用户强调其重要性。例如，图 5-158 中的第一张图和第二张图都包含
了通知权限的开启，而第三张图则代表新增卡片的使用，这些对于用户的后续使用会产生较大的影
响，因此以重要的方式通知用户。

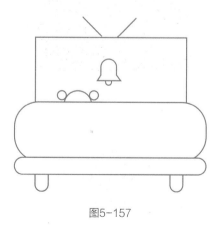

图5-157

---

① 详细内容可查看 https://www.nngroup.com/articles/indicators-validations-notifications/。

图5-158

另外，如果有重要的信息需要用户进行二次确认，一般也用模态的方式展示。例如，图5-159所示为与二次确认相关的操作，左图是将APP添加到桌面的二次确认，中间图是新闻取消订阅页面，因此出现弹框寻求用户的反馈，右图则是用户退出界面时的二次确认。

图5-159

（2）Toast通知，通知等级：中。用户可以感知到Toast弹出通知，像是门铃一样（见图5-160），用户会知道通知的出现，同时也有权利选择是否理会这条通知。

图5-160

① 引导与操作。Toast 弹出的通知可以是为了引导用户而存在的。如图 5-161 所示，左图的浏览器中出现通知提示，提醒用户有新的内容需要刷新；中间图是用户进入初始界面时，提示出现，引导用户去关注新的内容；右图则是与当前场景相结合的一种提示，用户需要将输入的中文翻译成英文，但是输入的中文是繁体，于是界面出现了提示，询问用户是否需要切换成简体中文的模式。

图5-161

② 信息反馈。Toast 弹出的通知也表示系统对用户操作的一种反馈。如图 5-162 所示，左图是用户在使用相机识别的时候，系统检测到图片模糊，对用户进行的一个反馈；中间图是用户订阅球赛后，订阅成功的提示；右图是在使用淘宝小蜜时，用户把消息一直刷新到了尽头，因此系统进

行了提示。有趣的是，系统的提示也与整个产品的风格相吻合，使用拟人化的口吻进行了提醒。

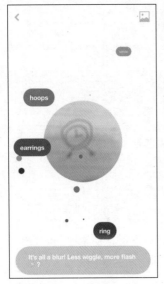

图5-162

（3）标志提示，通知等级：弱。标志的提示只是很小的一个存在，就像是家里开的花，很容易被忽略（见图5-163），这种提示对用户不会造成很大的干扰，存在感比较弱。

图5-163

小红点的设计几乎在每个应用中都会出现，作为一个通知的标识，最早在苹果 iOS 系统中出现之后，就占据了消息提醒的重要地位，其设计也逐渐趋于同质化。然而，韩国 Kakao 公司的小红点却是比较特别的，它使用了品牌符号"N"作为小红点的设计标识，而小红点在 APP 中通常又是比较明显的存在，因此使用 Kakao 公司不同产品的时候，会因为小红点的存在而感觉到产品之间的连贯与一致性，如图 5-164 所示的 Kakao 公司的三款产品的消息提醒。

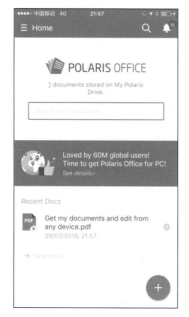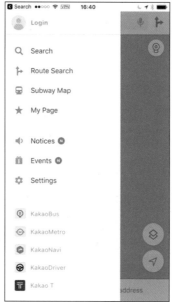

图5-164

　　另外，箭头也可以作为提醒的明显标识。如图 5-165 所示，浏览器上方有一个跳动的箭头，但这个箭头不是时刻存在的，只有在初次进入时才出现。上下跳动的箭头引导用户去下拉页面，从而打开隐藏的识别操作。图 5-166 是某个应用的左侧面板，展开时左下角的箭头也会随着内容上下跳动，将面板上拉就会出现全量的内容。

图5-165

图5-166

2. 小结

从强到弱，通知可以有不同的存在形式，权衡通知的强弱，让通知成为无处不在但又默默无闻的存在。

5.12 手势

1. 手势的历史

手势在很早之前就已经存在了，当时人们通过手势来进行沟通与交流。常用的手势包括胜利、握手、击掌与竖起大拇指等，图 5-167 所示为手势组件库。

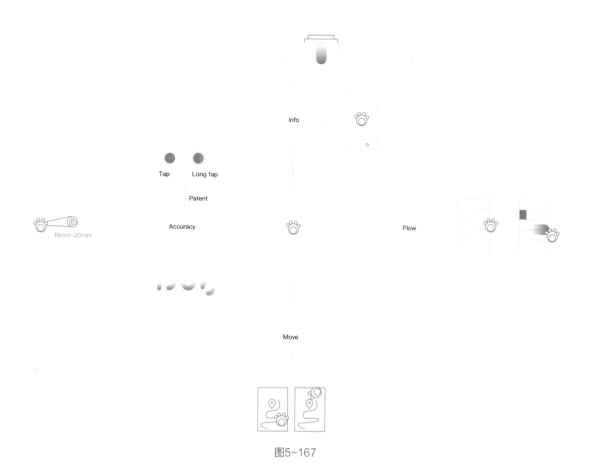

图5-167

　　胜利的手势是一个 V 字形，一般在胜利之后就比一个 V 字形的手势来代表成功；握手的手势代表友好，一般两个友好的人见了面会互相握手；击掌的手势经常是好朋友之间完成了某件事情，因为成功的喜悦而进行击掌；人们如果对某件事表示赞同，就会竖起大拇指，这是赞同的象征，这个手势现在也被用到了一些评论和新闻中。

　　手的灵活性使它具有不同的功能和象征意义。随着科技的进步和发展，手机界面也在不断进化，在触摸屏出现之后，人们开始用手势来进行界面的操作，不仅是利用整个手的形状，还会利用手的不同部位进行不同的操作，如手指长按、短按，通过双指放大、缩小等，不同的操作使人们可以更好地与产品融为一体，图 5-168 所示为手的不同姿势。

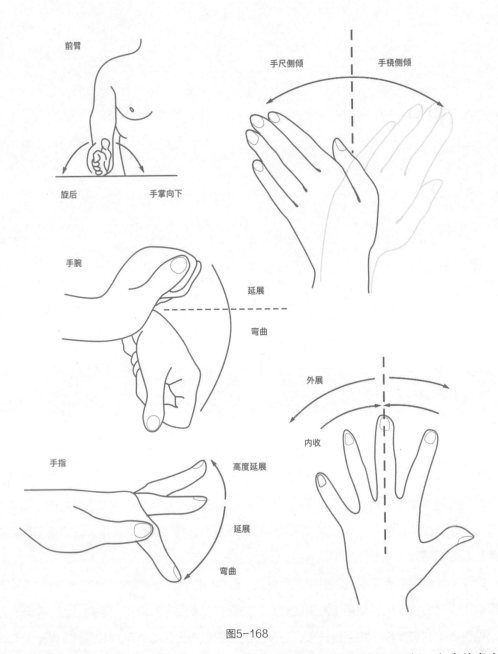

图5-168

　　触摸屏是在 1965 年被一位叫 E.A. Johnson 的人发明的。然后在 1982 年，在多伦多大学的
一个实验室中又开发出了多触控屏幕的技术。也就是说，不仅可以用一个手指来操作屏幕，也可
以用多个手指同时进行操作。1983 年时就已经有了一台可以触控的计算机了，被称为 HP150。
这种计算机一开始是用红外线检测的，屏幕上有纵横交错的无数条红外线，只要用手指去触摸这
个屏幕，红外线就会被打断，然后计算机就能检测到手指按在哪一个地方。1987 年，苹果发明了
Apple Desktop Bus，据说是最早的鼠标键盘连线。这意味着什么呢？意味着输入的方式可以更

加多样化，不仅可以用手势去控制桌面，还可以用键盘、鼠标去控制。从这个层面看来，手势比鼠标与键盘出现得更早，其价值也更早被人们认知。

在实体交互方面，手势有了更多的应用。传感器加上可穿戴设备就可以检测身体的各项指标，虽然本节的重点不是实体交互领域的内容，但实体交互领域也包含了丰富的手势交互知识。

很多年以前，按钮还是普遍的交互方式，现在已经可以用手指跟屏幕进行互动了，未来的交互形式又会怎样呢？

2. 手势与尺寸

设计与手势相关的交互，有一个需要注意的点就是尺寸。尺寸的大小跟人体的手指大小有关。成年人的手指一般是 16mm~20mm 的宽度（见图 5-169），但手指与屏幕所接触的面积是 10mm~14mm。因此，要求屏幕上设计手指点击的位置至少要为 10mm~14mm，这样才方便用户点击。换算成像素的单位后，就是 37 像素 ~53 像素。在极限情况下，仅允许使用指尖操作，最短的距离是 8mm~10mm。

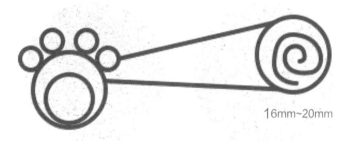

16mm~20mm

图5-169

业界也给手指接触的尺寸规定了不同的范围，例如，苹果设定为 44 像素，微软的手机设定为 34 像素 ~26 像素，而最小的元素之间的距离是 8 像素。微软还详细地规定了一些视觉上的元素的大小，例如，点击的区域有一个图标，这个图标的尺寸应该是整体尺寸的 60%~100%。

相应地，与手指相关的一些组件也有自己的大小规范。

（1）按钮。按钮的高度不一定要跟手指的尺寸完全对应，因为如果按钮太大，界面会不太美观，而且即使按钮小一点，也可以达到让用户点击的效果。按钮的总体尺寸可以小一点，但是位置和宽度一定要合适。例如，谷歌规定的按钮的高度就是 36 像素。

（2）键盘。键盘是一个比较特殊的存在，因为手机键盘是由物理键盘演化而来的，空间与布局在手机上显示后会显得比较挤。因此，很多用户都会反馈键盘的使用很不方便，然而这是不可避免的问题，毕竟人们以前习惯于使用台式计算机，而物理键盘的操作与布局已经变成了一种习惯。虽然现在也有九键的键盘，但有时用户还是会选择全键位的键盘。

在设计手机界面、计算机屏幕界面时，经常会涉及尺寸的规范，有的是 36 像素，有的是 14 像素，还有的是 12 像素。虽然尺寸变化多样，但并没有一个固定的标准，会随着用户需求的变化而变化。

假如需要给小孩子设计产品，那么可能就不需要那么大的接触区域。所以也要根据不同的情况、不同的用户进行设计，而不是简单地记住一个安卓的尺寸规范或苹果的尺寸规范。

3. 手势的好处

手势能带来什么样的好处呢？

（1）简化界面。使用手势操作可以简化界面，使界面更加简洁。例如，图 5-170 所示的是 Pinterest 图像识别功能的界面，左图是它原本的手势操作设计，可以看到，它不仅支持点击，还支持稍远距离的指向识别。而右图则是不添加手势，用传统的按钮进行互动的版本。

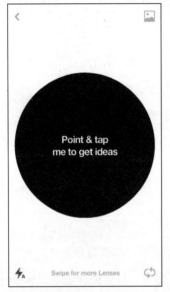

图5-170

按钮的功能指示虽然比手势的指示要强，但是按钮的存在占了一定的界面空间；另外，两个点击的区域相比，左图将热区与摄像区域结合，设计的点击区域较大，这也在一定程度上提高了操作的便捷程度，如图 5-171 所示。

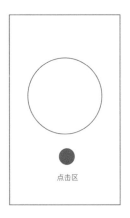

图5-171

（2）功能可控。手势的操作使界面上的功能在互不干扰的同时更加可控。例如，可操作的列表设计，如果把操作信息全量展示在界面上，会显得重复且冗余，而如果将其隐藏在滑动的手势中，虽然需要用户付出一定的学习成本，但一旦掌握了，就会是一项方便的技能，如图 5-172 所示。而且随着各种产品逐渐提升手势交互的体验，这样的操作日益普遍，对于用户来说也是更加容易接受的。

图5-172

（3）符合现实。例如，图 5-173 中的左图是一张二维地图，一般情况下，在界面上通过点击按钮就可以规划不同的路线，但是这里包含了一个隐藏的功能，即三维地图（见右图）。在某些情况下，如果用户需要查看三维地图，只需要用双指将地图往上推就可以了。这个操作跟真实世界相关联，从二维到三维的过程，就像是将平面向侧边倾斜，使整体可以呈现三维的效果。

图5-173

另外，手指的灵活性也使一些复杂的操作更加简单。图5-174所示的是一个翻译软件的界面，如果使用传统的方式，用户需要长按文字，并不断调整区域来选择文字（见左图）。如果可以充分运用手指的灵活特质，用户就可以用手自由涂抹文字来选择（见右图）。

图5-174

4. 如何进行手势的设计

手势的设计看起来很简单方便，但它也有一些缺点。例如，它隐藏起来比较深，用户不易发现。而且很多时候，无论是成功还是失败，使用手势时用户得不到反馈。例如，用户期待右滑出现操作，但是无结果，系统也无法告知用户为什么不可以这样操作，一方面是技术的限制，另一方面会造成提醒过多。所以手势的设计是有一定风险的，因为不了解用户的使用习惯，而且不同用户使用不同的设备，其使用习惯也是不一样的，这就需要做大量的数据调查才能弄清楚，否则会影响用户的使用体验。

那么，应该如何设计，才能尽量避开手势的弱势，发扬优势呢？

（1）视觉提示。可以给用户一些视觉上的提示，告诉他们某些地方是可以用手势操作的。例如，有一堆可以展开的卡片，可以用叠加的方式告诉用户，这些卡片后面还有其他的操作，可以尝试上下滑动卡片来进行展开的操作，如图 5-175 所示。

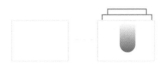

图5-175

（2）适当引导。由于手势的使用是无形的，用户需要凭借经验或者去摸索才能知道如何使用，因此在用户初次使用产品时，增加引导是必要的，如图 5-176 和图 5-177 所示。

图5-176　　　　　　　　图5-177

（3）与使用场景相结合。可以将手势的使用教程分散在产品的不同场景中来提醒用户。例如，图 5-178 是 WPS 的为空列表页，为空状态时，界面上出现了编辑操作的教程提示，提示用户可以为文档加星。将手势的使用教程放在这个场景，便可以将引导与创建联系在一起，这样用户创建完文档后，便会知道列表中的文档应该怎样管理与使用。

图5-178

5.13 评分

评分在系统中有很多种应用方式，首先。用户可以通过评分系统表达自己的意见，如对于某件商品的评价、对于某个事件的评论或对于某次服务的评价。其次，系统也可以通过评分系统获取用户的建议和反馈，如随机出现的用户问卷采集，对话助手在对话时询问及回答问题的质量，这些反馈可以同时作为系统的输入，使得产品变得更好，图 5-179 所示为评分组件库。

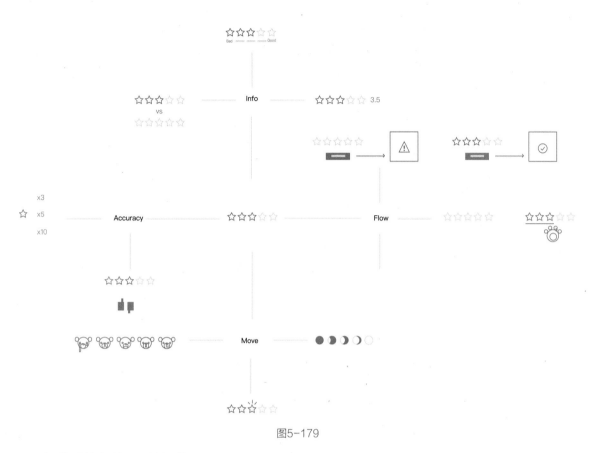

图5-179

评分系统有以下设计细节。

（1）默认状态。评分的默认状态在一定程度上对用户有引导作用。例如，如果一开始评分状态是三颗星，那么用户很可能会直接选择三颗星，从而使整个评分不够客观，如图 5-180 所示。

图5-180

（2）明确性。有些问题可以用评分系统来衡量。例如，用户在使用产品之后，被询问"系统的可用程度"。但是，有些问题很难用评分来衡量，如"你喜欢香蕉的程度？"，这样的问题如果用评分系统来衡量，就很难得到一个比较准确的结果。其中一部分原因在于这个问题没有参考项，"喜欢"是一个比较模糊的词，如果以最喜欢的食物为基准，再给香蕉评分，这样用户就会比较明确。

（3）星星还是大拇指。评分系统一开始的时候就应该定义好，是使用五颗星的评分、十颗星的评分，还是使用竖起大拇指的评分，如图 5-181 所示，这些都需要在整个系统中统一。一旦决定了某几类评分标准，在其他地方也要沿用，这样可以给用户一致的评价认知。

图5-181

（4）关于评分部件。如果评分是作为信息展示的一部分（如某个电影的评分），那么评分的部件应该放在页面中比较明显的位置，如主标题的下方，这样才能使整个评分系统更加明显地被感知。

（5）数字的使用。评分系统中加入数字，可以帮助用户更好地认知整个评分系统。例如，有多少人对这个评分系统进行了评价，以及这个评分系统的平均分大概是多少。这样呈现出的才是一个比较客观的评分系统。例如，某个电影得到的评分是五颗星，但是只有一个人进行了评价，那么这个分数就可能是有失偏颇的。

（6）状态的确认。如果评分系统还没有接收到用户的评分，那么就不应该允许用户提交这个评分，如图5-182所示。因为用户在比较匆忙的情况下，很可能直接点击提交而不评分。如果这个评分系统将其默认为零，而用户又经常直接点击提交，这样整个评分系统得到的分数就会偏低。

图5-182

（7）实时反馈。评分时，可以实时给用户反馈，帮助用户了解选择的具体含义及作用，如图5-183所示的评分界面。

图5-183

评分虽然只是一个很小的程序，但它却是用户与系统交流的窗口，承载着用户的建议与反馈，一个不客观的评分系统可能会影响整个产品的定位。因此，评分系统的设计是不容小觑的。

5.14　面包屑

以下是面包屑的组件库，如图 5-184 所示。

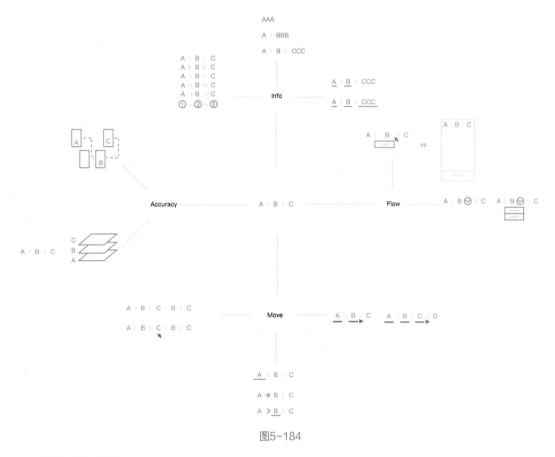

图5-184

1. 面包屑的类型

面包屑最早源于一个称为 Hansel and Gretel 的童话，这个童话讲述的是两个机智的小朋友在被家人抛弃后，在路上撒面包屑，之后追寻面包屑的踪迹回到家里的故事。

面包屑有 3 种类型：一种是地点型，一种是属性型，还有一种是路径型。

（1）地点型。地点型代表了整个页面的层级，主要是通过层级的方式将用户打开的内容在面包屑中呈现。如图 5-185 所示，面包屑从左到右、从下到上分别代表了一级、二级、三级与更深层级的页面。

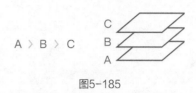

图5-185

（2）属性型。属性型代表一种分类，常用于购物网站，因为属性可以方便用户选择他想要的商品。例如，搜索一条牛仔裤，牛仔裤的上一级展示的是男装，男装的上一级展示的是衣物。虽然这不一定代表整个页面的信息架构层级，但它却代表了这个分类的层级，方便用户快速地扩大范围，去寻找相关分类的产品。例如，谷歌搜索的结果就使用了这种类型的面包屑来展示结果所属的层级，如图 5-186 所示。

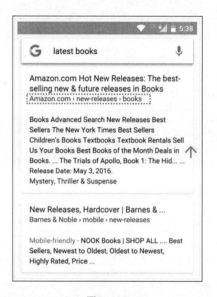

图5-186

（3）路径型。路径型相当于用户的历史路径，代表了用户打开的不同历史页面。路径型虽然记录了用户的所有历史路径，但可能会增加界面的冗余度。假如用户重复在某两个界面之间来回跳转，也会在面包屑上出现重复的元素，如图 5-187 所示。

图5-187

面包屑有什么样的好处呢？^①

（1）告知用户当前所处的位置。

（2）提供了一键返回首页的操作，避免用户进入死胡同。

（3）让用户总能发现面包屑这个元素。

（4）节省空间。

2. 面包屑的设计细节

面包屑的设计，从命名到逻辑都有不同的细节需要考虑。^②

（1）名称。面包屑的名称不一定是比较长的，例如，某个页面代表"打开登录页"，这时如果直接将这个名称放在面包屑上就会显得太长，可以用一个短一点的名称，如"登录"来代替，以保持整个界面的简洁性。

另外，名称的长短也可以根据用户当前所在的位置进行变化，可以适当地详略交替显示。例如，用户已经进入第四层级的页面了，他对第一层级页面的信息可能不太关心。因此，第一层级页面的信息就可以简化显示。

如果面包屑中的名称实在太长，尤其是移动端产品，那么可以适当考虑用左右滑动的形式展现，图 5-188 中的产品就使用了滑动式的面包屑作为导航。而由于面包屑的展示空间有限，所以非当前页面的面包屑可以缩略显示，如图 5-189 所示，第一步的 AAA 指的是原有的词语长度，而到随着面包屑的增多，就会缩略显示。

图5-188　　　　　　　　　　　图5-189

① 详细内容可查看 https://www.nngroup.com/articles/breadcrumb-navigation-useful/。
② 详细内容可查看 https://marketingland.com/breadcrumb-links-good-user-experience-yes-97848。

（2）面包屑导航。面包屑导航一般是横向型的，但也可以考虑支持竖向型的导航，因为这样可以增加导航的便捷程度。例如，在鼠标指针悬浮时，面包屑可以展开与它同层级的不同页面，这样可以方便用户快速进行相同层级页面的选择，如图 5-190 所示。

图5-190

（3）样式。面包屑的样式不能太张扬，也不能太低调，要看上去可点击，使用一些方向性的符号可以增加其导向性，如图 5-191 所示。前文提到面包屑的背景小故事，作为回家的引导，需要传递方向感。

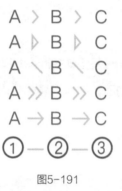

图5-191

（4）链接。当前页面一般是不展示链接的，如图 5-192 所示。

图5-192

（5）结构路线与历史路线。虽然结构路线跟历史路线都是面包屑的路线，但是一般会优先使用结构路线。因为结构路线会比历史路线看起来更加简洁，也能对用户有一个更加全面的导航作用。

（6）面包屑不要与主导航混淆。因为主导航是页面中比较重要的，面包屑只是起到辅助的作用。因此，在形式上不要过于突出。

（7）面包屑的位置。面包屑一般放在主导航的下方，便于用户发现与识别。

（8）减少悬浮状态。悬浮状态在 PC 端时代用得比较多（见图 5-193），现在用得越来越少了。因为以前只有 PC 端，现在又多了移动端，而移动端没有悬浮状态。所以如果设计了悬浮状态，在移动端上就要做一个区别对待，这对于开发者来说是一种负担。因此，要尽量减少悬浮状态，来保证 PC 端与移动端的统一。

图5-193

少了悬浮状态，就需要更加明显地展示其他的操作按钮，如图 5-194 所示。

图5-194

5.15 键盘

键盘是比较原始的一种交互媒介，从计算机被发明时起，键盘便伴随着鼠标一起成为用户输入信息的重要工具，图 5-195 所示为键盘的组件库。那时，键盘就已经隐含了输入与反馈的理念，图 5-196 是机械键盘的参考结构[1]，手指在上方按下，下方的弹簧就会给予手指一个反向力，让用户感觉到键盘的反馈。

---

[1] 想了解更多关于机械键盘的知识，可以访问 https://www.popularmechanics.com/technology/design/a18550/the-science-of-making-a-great-keyboard/。

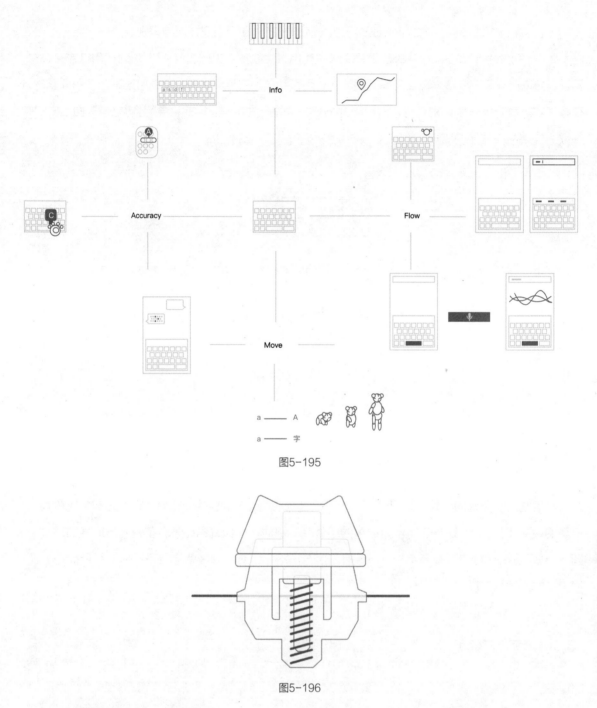

图5-195

图5-196

一个键盘的设计有以下细节。

（1）从小写到大写的变化过程。键盘可以切换大写与小写，这是一个比较小的操作，但联系到第2章的动效设计，如果能在元素的切换之间增加两者的联系，那么就可以增加使用时的流畅感，如图 5-197 所示。虽然键盘从小写切换到大写的模式比较常见，但它们之间的转换效果仍然值得深入设计与思考。

图5-197

（2）输入的过程。在聊天对话窗口中，一方输入，另一方就要等待。那么，能不能对这个等待的过程也做一些设计，使等待的一方可以感知到呢？对比图 5-198 中的两种方式，左图是比较常见的，代表了用户在一种状态时给另一方的输入提示，进一步考虑，也可以将这个过程变得更加显性。例如，可以将键位与输入进行联动，这样另一方就可以感知到对方输入时的一些更加具体的行为。

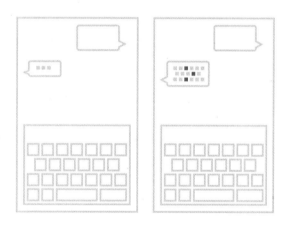

图5-198

（3）实时搜索。键盘与搜索有着很紧密的联系，虽然语音搜索在逐渐发展，但在使用搜索功能时主要还是用键盘输入，所以可以为这二者建立一定的联系。Google Gboard 就直接将搜索与键盘融合在一起，用户可以一边搜索一边进行输入，如图 5-199 所示。另外，微软在新版本的 Word 中也融入了智能搜索的理念，能让用户一边输入一边进行搜索。

图5-199

　　搜索与输入相结合的模式是用户体验方面的一个较大提升，在传统的"输入＋搜索"模式中，用户需要打开一个编辑器，再打开一个浏览器，然后在两个窗口来回切换输入。现在二者结合，可以说是一种进化。但这种搜索也要求结果必须足够精准，否则有限的空间还是不能很好地满足用户查找资料的需求。业界也在通过不断与人工智能相结合来提高推荐的精准性，相信在未来，搜索与输入会更好地结合在一起。

　　（4）键盘＋模式切换。为迎合用户的不同需求，键盘也可以有不同的模式切换。如图5-200所示的Google Gboard界面，用户可以选择切换视频或地图；而在图5-201所示的WPS Excel界面，用户可以选择数字输入或公式输入。

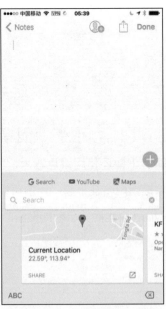

图5-200

图5-201

（5）多样化的输入方式。键盘不是唯一的输入方式。在地图中，定位可以作为一种输入方式，弹钢琴创造音乐也是一种输入方式。将键盘与其他形式的输入相结合，可以更加全面地满足用户多样化的输入需求。例如，图 5-202 中的 Google Assistant 就提供了摄像输入方式，而且不需要跳出当前页面，直接就生成了一个摄像输入的区域，可以与对话很好地连接。

图5-202

另外，手写也是一种很直观的输入方式，对于出生在 20 世纪六七十年代的人来说，他们比较习惯与手写输入相吻合的输入方式。在图 5-203 所示的 Google Translate 的例子中，一个比较特殊的设计点是，将空格与输入进行了结合。例如，输入了一个单词"feed"，下方的原空格文字"space"就变成了"feed"，点击"feed"后又恢复原样。这样手写的文字便能与输入的触发点建立联系，从而使界面元素更加简洁。

图5-203

（6）放大。因为手指比较大，所以在按按键的时候会遮挡住按键。业界的很多设计师会将按键放大，这样就能更清楚地看到每个按键所代表的符号（见图 5-204）。包括前面提到的滑动条设计，也利用了放大的原理（见图 5-205）。

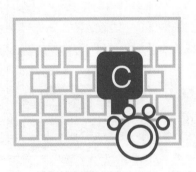

图5-204

图5-205

　　还有一种情况，如苹果的 Apple Watch。在很小的屏幕上使用键盘是件非常麻烦的事情，于是设计师将键盘的选择范围扩大。如果用户选择其中的一个按键，键盘会自动将旁边的两个按键选中（见图 5-206），这样就可以扩大文字的选中范围。如果用户不小心按到了旁边的按键，也可以很快调整。

图5-206

　　键盘是生活中很常用的，甚至是无处不在的交互元素，键盘的设计点影响着我们与数字世界的交互，每一个微小的改动都会影响很多使用者的习惯。近年来，输入方式不断进化，语音输入的新鲜感还未过去，就又出现了脑电波输入。因此，可能等到键盘输入进化到终点时，键盘本身也不复存在了，也许它会以一种与人类融合度更高的形式存在。

6
CHAPTER

综合提升——
交互设计综合练习

本章会联系前几章的内容，结合交互设计的两个重要内容——线框图与流程图进行学习。这也是一个回顾与提升的过程。

6.1　线框图

　　线框图是交互设计师表达设计的重要技能,可以帮助交互设计师把流程与逻辑清晰地展现出来,图 6-1 为线框图组件库。线框图的设计看起来简单,但如果要设计一份比较完整的线框图,也有很多注意点。本书从一开始就提到了 Sketch 的设计及技能点,本章将回溯 Sketch 的使用,通过其本身的一些交互来了解线框图的设计注意点。

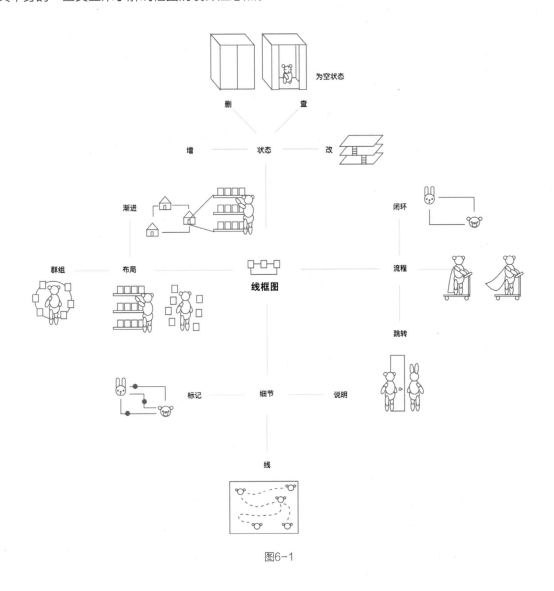

图6-1

6.1.1 布局——希望门后的风景至少是美的

1. 关键区块划分

构建交互稿时，如果能有一种全局观，可以使整份稿子更加有条理，如图6-2所示。联想一下在建房子的时候，首先会构建一张房屋的平面图，确定好各个区域，然后再深入考虑其他的细节，如图6-3所示。画交互稿也是一样，可以先考虑有哪些基本的模块需要表达出来，在心中有一个基本的构图。

图6-2

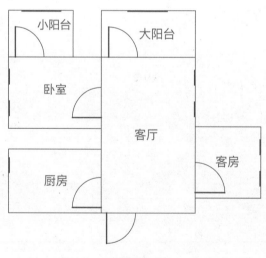

图6-3

例如，图6-4所示的是交互稿的划分方式之一，从上到下分别是基本控件、关键页面及关键流程。基本控件的主要作用是，方便设计师快速组件化地画出一个交互的界面；关键页面可以传达产品的整体定位与直观感知；关键流程则可以将关键页面串联起来，厘清整个产品的内在逻辑关系。

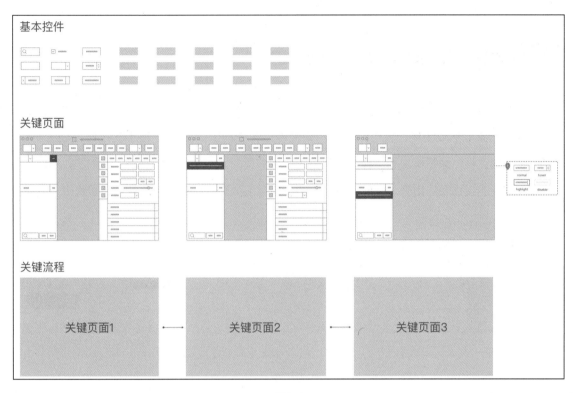

图6-4

2. 渐进

信息也可以通过渐进的方式来展现。不一定要在一个页面上展示所有的内容，扬弃地展示重点内容，将详细的内容分开在其他区域展示，也是一种渐进地划分信息的方法，如图 6-5 所示。

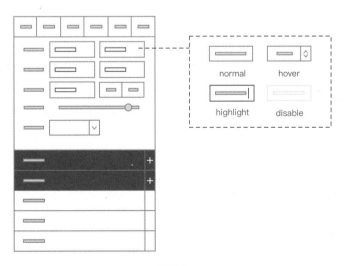

图6-5

6.1.2 跳转——怎么找到出口与入口的那扇门

1. 形成闭环

交互图如果能形成闭环，就可以更加明确地传达各个场景。图6-6所示的是在 Sketch 中新建的一个页面流程，通常情况下，新建之后得到最后的页面，整个交互的流程就结束了，所以很容易忘记将逆向的过程表达出来。例如，新建之后，如果该页面又被删除，那么就会回到初始页面。

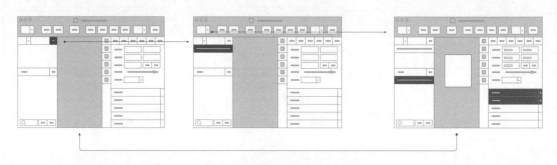

图6-6

2. 多场景

如果有多个场景是相互关联的，也可以用流程线来串联，以便浏览者理解一些子场景在全局中的入口与出口在哪里，这样便于整体地阐述产品的跳转逻辑，如图6-7所示。

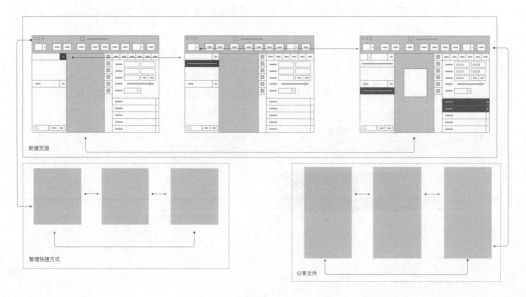

图6-7

6.1.3　细节——门后的风景是否耐看

1. 序号与说明

序号的增加可以使整个交互稿更加有序，也便于整理与排序，如图 6-8 所示。

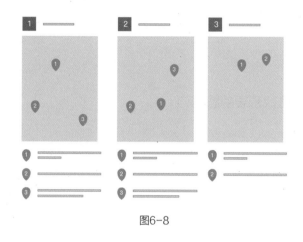

图6-8

2. 流程引导

流程线可以对用户进行视觉上的引导，如图 6-9 所示。流程线作为逻辑引导的重要元素，在很多行业都得到了使用，如无码化开发、架构图的绘制、对象化编程等。

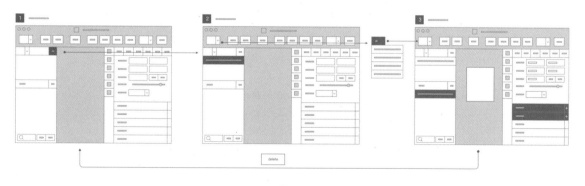

图6-9

3. 状态

界面中的每个控件、每个流程都可能会有一些分支与节点，尤其是开发落地时，这些细节点会影响开发者对整个产品的理解，因此是不可忽视的。一些关键的弹出提醒及按钮的不同状态，在必要时也要表达出来，如图 6-10 所示。当然，一些体系的状态也可以归纳成全局的状态，如按钮的不同状态在整个产品中都是通用的，就不需要每个页面都表达一次了。

图6-10

6.1.4 整理——怎么去找想要的那扇门

1. 成组

如同不收拾的家会越来越乱一样，在画交互稿的过程中，如果设计元素很多而又不进行整理，日积月累后整个文档就会很乱，也会影响阅读与使用。因此，除了要画出交互稿之外，还需要在空余时间进行一定的整理。而且整理的过程并不是机械的，在此过程中，可以精简设计稿，这就要求设计师对自己的设计方案有高度的理解，这样才能果断摒弃一些已经不再需要的页面。

例如，图6-11所示的是一页交互稿的示例，稿子里包含了不同的布局分区，按照内容给分区命名，可以帮助用户快速理解整个页面的架构。

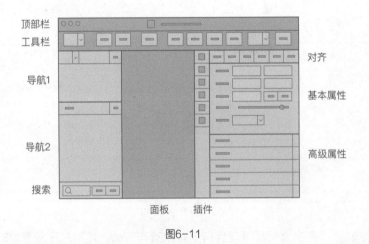

图6-11

另外，分组可以有不同的层级，但需要注意的是，分组的层级不宜太深，否则会增加寻找某个特定元素的难度，如图6-12所示。

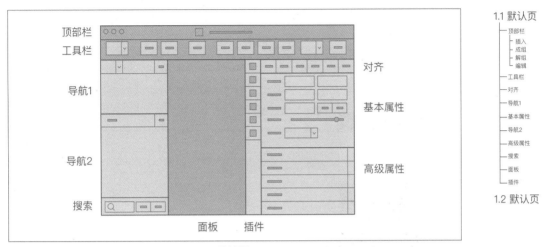

1.1 默认页

图6-12

2. 命名

（1）驼峰式命名。同一个元素的命名会有不同的方式，简单的一个"top bar"，会被写成"top_bar""Top Bar""topBar""TopBar"等，而这种不同会影响整个图层区域的可读性。因此，规范的图层命名对于交互稿的设计与管理是很重要的。

驼峰式命名是程序员之间经常会用到的概念，他们为了更好地交流自己的代码，会选用统一的代码命名方式。驼峰式命名最早来源于 Perl 语言中普遍使用的大小写混合的格式，从根本的原理上看，可以增加可读性，如图 6-13 所示。

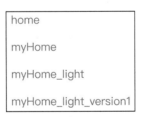

图6-13

我习惯的命名方法是"驼峰式命名 + 下画线分隔"的形式，这种分隔可以方便其他的用户理解整个设计文档。当然，命名的方式不是唯一的，图层的命名如果有内在规律和秩序，也可以让阅读的人更容易理解并且能够快速搜索。

（2）缩写。不只是图层涉及命名，在进行交互设计的过程中，很多地方都涉及命名。如图 6-14 所示，一个页面中有很多区域都需要命名，包括文件名、图层名、页面名、面板名等。因此，一个统一而又简练的命名方法是很重要的，如果可以进行缩写，就能加快命名的速度。

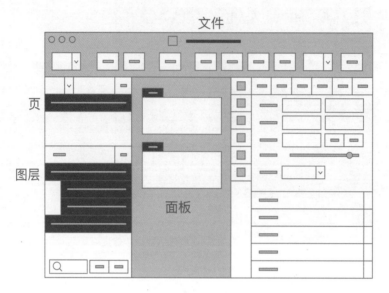

图6-14

在英文速记中，为了将长单词快速记录，有一些特定的方法，如表 6-1 所示的英文单词记录简写。如果将这些简写运用到设计稿的命名中，也可以方便设计师简化命名。

表6-1　英文单词记录简写

简写方式	简写	单词
去掉元音	MKT	Market
	MSG	Message
保留前几个字母	INFO	Information
	EXCH	Exchange
保留头部和尾部字母	WK	Week
	PL	People
根据发音	R	Are
	THO	Though

这里给出一部分设计中常见单词的命名及简写，如表 6-2 所示。除了这些之外，在工作中随着项目的不同，可能也会遇到不同的单词需要简写，这时就可以不断扩展缩写库。

表6-2　设计常见单词简写

简写	单词
MSG	Message
NAV	Navigation
LIB	Library
ARCH	Architecture
AD	Advertisement
INFO	Information
ORG	Orange

6.2　用户体验地图

　　流程如骨牌般一个个往下倒，如果中途截断或遇到什么不可控的因素，将不可挽回。这便是为什么在设计之前要做好流程的预测与设计。图 6-15 为用户体验地图的全局概览图。

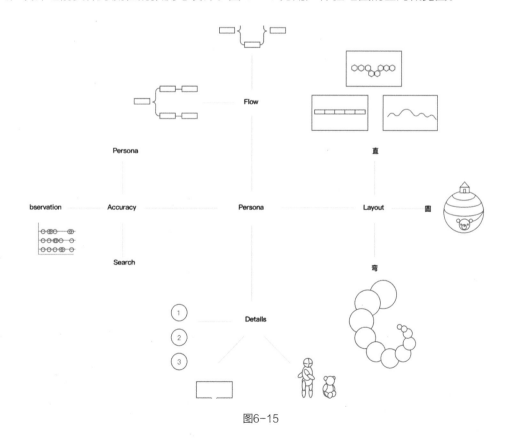

图6-15

6.2.1 用户体验地图的设计过程

在设计之前，需要知道设计用户体验地图的主要目的是什么。用户体验地图要基于不同的体验粒度来进行设计，这就关乎设计师真正需要研究的流程是什么。首先需要知道流程是基于什么样的时间跨度进行的，这样可以帮助设计师定位整个用户体验地图。总之，用户与产品的交互，按照时间从长到短，可以分为跨年的、跨天的及仅针对某个时刻的，如图 6-16 所示。

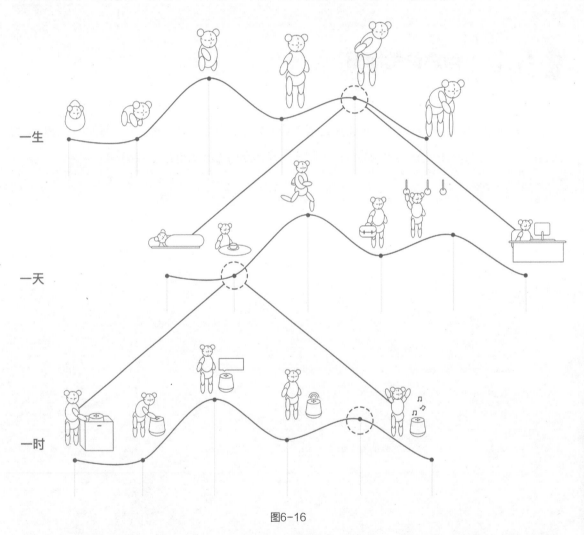

图6-16

（1）长时间段的行为。如果设计的产品会伴随用户比较长的时间，可以基于某一个时间段来长期研究用户的行为，如伴随婴儿成长的学习工具、可以从 50 岁开始逐步缓解健忘症的产品等。

这些产品由于时间跨度比较长，因此需要长期对用户进行追踪与研究，或者需要收集数据来研究用户。图 6-17 所示的是韩国 pxd 用户研究小组设计的用户地图 [①]，他们通过发帖子的行为来收集用户数据，从而整理出用户几个月的行为数据。通过大面积、长时间的研究，用户的使用习惯与流程就可以更加客观地被获取。

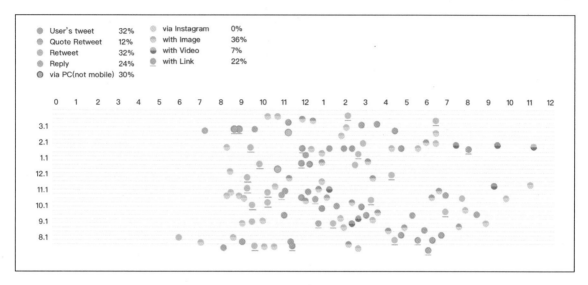

图6-17

（2）以天为跨度的行为。如果以天来划分行为，可以按照时间段来区分。用户可以在横轴填上早、中、晚的不同时间，并且根据早、中、晚不同的时间进行资料的查找。一天的行为与流程可以帮助设计师了解用户的基本行为，如果是上班族，那么他们一天的行为有可能是类似的。因此，一天的数据也可以帮助设计师了解用户的基本习惯。

（3）以时刻为跨度的行为。以时刻作为跨度，可以帮助设计师深入了解产品的某个使用细节。例如，电动牙刷的设计，包括了早上充电、挤牙膏、开启牙刷、调挡位、数据记录、用户获取自身数据、结束刷牙等。如果是以时刻为跨度进行研究，就要将行为更加精细化地描绘出来。

---

① 韩国 pxd 用户体验小组采集的用户数据：http://story.pxd.co.kr/1166。

6.2.2 如何绘制用户流程地图

1. 了解用户流程

用户流程是设计体验地图的一条主线，它关系到整个用户流程图的定位。例如，现在要设计一张熊找蜂蜜的体验地图。首先熊会去寻找蜂蜜，其次会爬到树上摘取蜂蜜，然后会将蜂蜜封装，最后将蜂蜜带回家，如图 6-18 所示。这便是一个大概的流程。定义好这个流程可以帮助设计师进行后续的步骤。

图6-18

2. 通过流程了解用户

在描绘了用户体验地图后，需要根据用户的每个体验阶段总结出他们在每个阶段的一些特质（见图 6-19），这些特质包括：

（1）用户会说什么（哪里会有蜂蜜呢）；

（2）用户会想什么（这棵树看着好高）；

（3）用户会做什么（爬树，摘取蜂蜜）；

（4）用户的感觉是怎样的（找不到蜂蜜的焦虑，找到蜂蜜的喜悦）。

当然，这只是一个简单的例子，实际情况中的流程与想法、做法都会更加多维度、更加复杂。

3. 洞察与提炼设计点

基于用户流程与用户在每个流程的心理活动、行为动机，

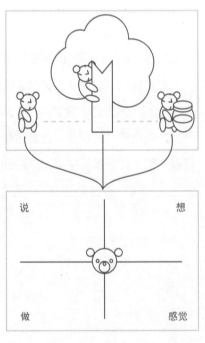

图6-19

可以总结出关于设计的一些洞察点与机会点，如图 6-20 所示。例如，洞察"我觉得树太高"这个想法，然后考虑帮助这只熊找一把梯子，或者帮助熊找一些可以直接把蜂蜜打落的工具。

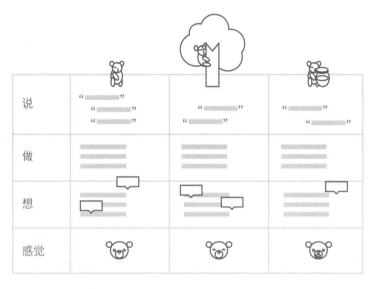

图6-20

4. 快速画出用户流程地图

在工作中由于时间的关系，经常需要快速地画出用户流程地图，这时就需要熟悉用户地图的一些基本模式，这样可以根据调研结果快速判断出应该用什么样的形式来制作用户流程地图。下面主要介绍如何快速画好一个用户流程地图。

（1）元素的积累。在制作流程图之前，首先要有一些元素的积累，如前面的小人库。根据调研对象的不同，可以通过小人库提取出一些人物的形态，放在这个流程图中，如图 6-21 所示。

图6-21

（2）定布局。从两个极端来看，布局有格式化的，也有设计感强一些的，如图 6-22 所示。格式化的布局便于设计师进行修改与整理，而设计感强一些的布局需要设计师花费一些时间，但整体呈现的效果比较好。

格式化　设计感

图6-22

① 格式化布局。纯表格也可以做用户体验地图，因为用户体验地图分隔开来就是一个个的具体流程，这些不同的流程与阶段就是表格式的。用表格去做用户流程图的优势是，它便于增删查改，管理起来也比较方便。例如，图6-23所示的是我平时使用Excel设计用户体验流程图的基本样式。

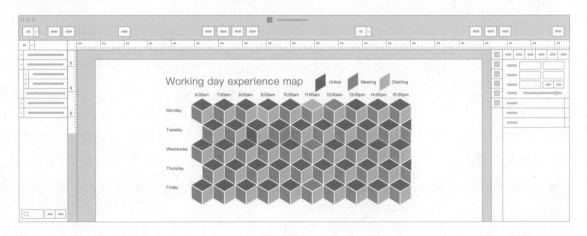

图6-23

② 设计感布局。用户体验地图也可以包含有设计感的布局，这些布局可以跳出方形的限制，有更加多变的图案。例如，图6-24所示的是一个记录用户在一周内不同时间段所做事情类别的地图。其中包含了3种不同的用户任务，通过颜色的细分，可以长期记录用户在不同时间段的行为。

图6-24

　　而其中使用到的基本型就是第 1 章所讲述的 Sketch 复用组件的原则，可以通过试着描绘图 6-25 所示的设计式布局中的基本单元组件来复习一下之前的知识。

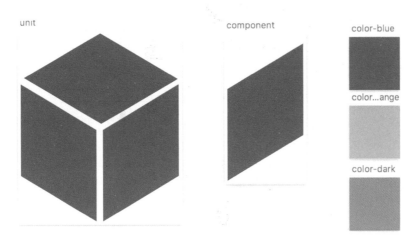

图6-25

　　这种设计式的布局保留了格式化的布局，同时又有一些新的变化。

　　另外，用户体验地图中也会包含比较多样的布局，不一定都是方形的布局，也有圆形的布局，如图 6-26 所示。但是总体来看，这些用户体验地图都遵循了"流"的概念，都在一定程度上代表了用户在一定时间段的行为、活动、心理想法及思考。圆圈式的布局可以给人比较完整的感觉，在视觉的呈现上也比格式化的布局要强一些，但这要求更高的设计与组织能力，如图 6-27 所示的体验地图示例。

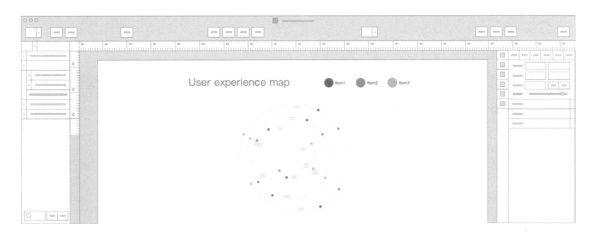

图6-26

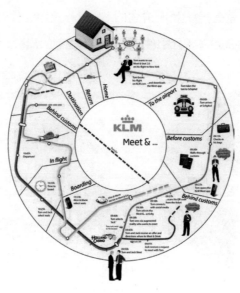

图6-27

用户地图的每一条流程线,就像人脸上的皱纹一样。人在做每个表情的时候,脸上产生的皱纹都是不一样的,正如用户地图的每一条流程线都有自己存在的价值。一个人在开心的时候是一种表情,在不开心的时候又是另一种表情,随着这些表情的不同,用户地图上的流程线也应该有不同的变化。

6.2.3 用PPT制作一张用户体验地图

1. 线

用户体验地图代表了用户与产品的交互流程,因此需要有一条主线代表"使用流"的概念。而在用户与外界的交流过程中,交互线程也可以不止一条,如图 6-28 所示的单线流,图 6-29 所示的双线流和图 6-30 所示的多线流。

图6-28

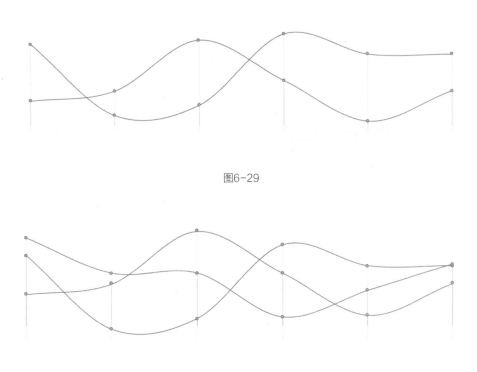

图6-29

图6-30

以一个简单的关于准备晚餐的流程为例，如图 6-31 所示。手机、电脑和线下是并列的关系，无优先级的区分。以手机的线条为例，用户查找菜谱时使用的是手机，而记录备忘这一步在线下进行，如使用笔记本来进行记录，之后出行，用户可能又会使用手机，如用手机打车。横向虽然是固定模式的购物流程，但纵向根据所处环境与场景的不同，又有不同的交互可能性。因此，流程地图也可以有不同的分支。

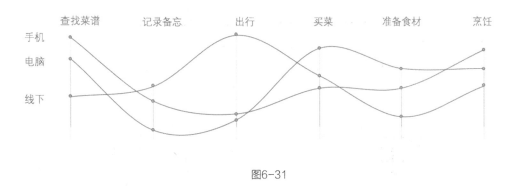

图6-31

用 PPT 制作用户体验地图时，只需要插入线状图，就可以创造出不同的流程线。线状图的好处在于，所有的曲线都是自动生成的，只需要在 Excel 中修改数字就可以改变曲线的形状，而不需要重新手动画一次，如图 6-32 所示的插入线图，图 6-33 所示的编辑数据和图 6-34 所示的在编辑数据中修改流程图的形状与高低。

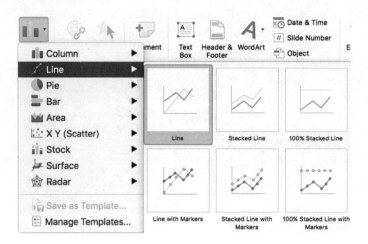

图6-32

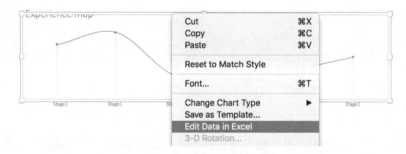

图6-33

图6-34

2. 用 PPT 制作情绪包

用户在与流程图交互的过程中会有不同的情绪，而用 PPT 可以制作出不同的情绪包。PPT 自带的就有一个表情的形状，这个形状可以变换出不同的表情，如图 6-35 和图 6-36 所示。

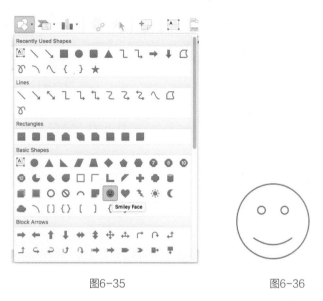

图6-35 图6-36

选中表情会发现嘴巴的地方有一个锚点，将锚点往上提就会看到开心的表情变成了不开心的表情，如图 6-37 所示。

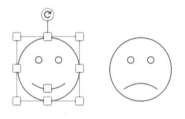

图6-37

通过变换嘴巴的弧度，可以将原本开心的表情变化出不同的表情，从而形成自己的情绪包，如图 6-38 所示。第一个大笑的表情，可以在第二个表情的基础上增加一条直线画出；最后哭泣的表情，可以在第四个表情的基础上增加一个水滴形状画出。

图6-38

情绪包与流程线相结合，可以反馈情绪的变化状态，如图 6-39 所示。

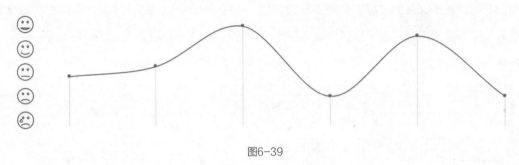

图6-39

可以继续丰富流程图，注入一些关键的图形与细节说明，使整个流程图更加有深度，如图 6-40 所示。

体验地图 Experience Map

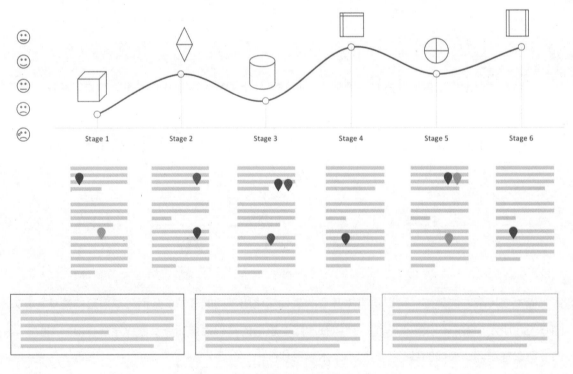

图6-40

图 6-41 中包含的元素有主标题、主流程、行为及洞察，这些区域可以根据需求适当增减，以保证每个部分对研究与发现都是有帮助的。

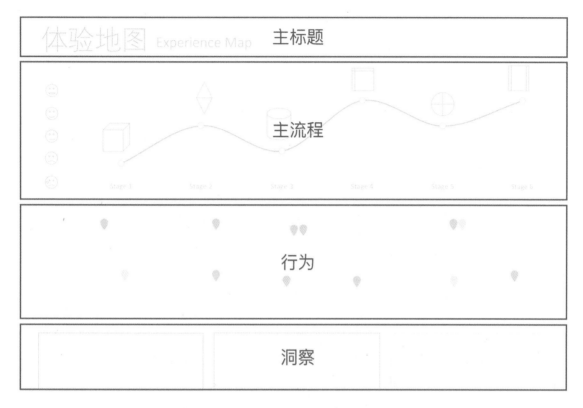

图6-41

　　另外，PPT 有一个灵活的功能就是一键变换颜色。因为一个流程地图会用于不同的场景，例如，用于设计师的演讲、设计呈现，可能就需要根据幻灯片的风格调整流程地图的颜色。图 6-42 所示的是 PPT 中变换颜色的功能，图 6-43 所示的是变换出的不同体验的地图。

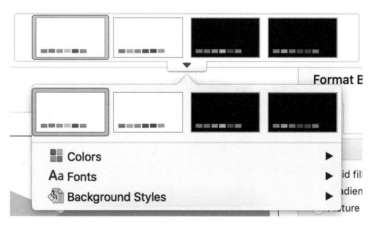

图6-42

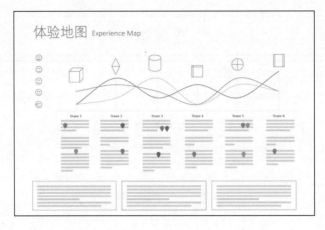

（a）

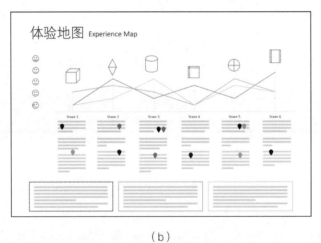

（b）

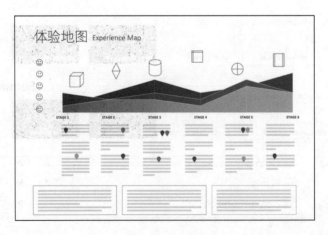

（c）

图6-43

至此，设计师便可以用 PPT 快速完成一个用户体验地图了。为什么要用 PPT 制作呢？虽然用其他的工具也可以制作用户体验地图，如 Sketch、Photoshop 等，但如果用 PPT 制作，不同的相关人员也可以打开并进行编辑，而且用户体验地图需要各方共同参与来完善。因此，设计师不仅要画出美观详尽的地图，还要使这张地图具有一定的灵活度，可以为多方所用。

交互可以很大，也可以很小，大到一个项目，小到一个操作，只有时时积累，处处积累，才能学到更多。